마이크로컴퓨터
이보다 더 쉬울 순 없다

2nd Edition

재미삼아
아두이노
Arduino

심재창 고주영 이영학 정욱진 지음

대표저자 소개 _ **심재창 교수**(E—mail: jcshim@andong.ac.kr)

http://jcshim.com

1993	경북대학교 전자공학과 공학박사
1997~1999	IBM T. J. Watson Research Center Researcher
2005~2006	프린스턴대학교 Visiting Fellow Professor
1994~현재	국립 안동대학교 컴퓨터공학과 교수

| 이 교재를 위한 네이버 카페 "아두이노" |

http://cafe.naver.com/arduinocafe
- 소스코드
- 응용예제
- 묻고답하기

| 실습키트 안내 |

이 교재의 내용을 실습할 수 있는 구성품은 네이버의 "아두이노" 카페의 "실습키트"
http://cafe.naver.com/arduinocafe ➜ 실습키트

재미삼아 **아두이노**

발행일	2011년 9월 26일 초판 1쇄
	2012년 3월 02일 초판 2쇄
	2013년 7월 31일 2판 1쇄
	2019년 2월 15일 2판 2쇄
저 자	심재창 · 고주영 · 이영학 · 정욱진
발행인	김준호
발행처	한티미디어
마케팅	박재인 · 노재천
편 집	오선미 · 박새롬 · 이상정
관 리	김지영
등 록	제15-571호
주 소	서울시 마포구 연남동 570-20
전 화	02)332-7993~4
팩 스	02)332-7995
디자인	조영주
인 쇄	우일프린테크
홈페이지	www.hanteemedia.co.kr
이메일	hantee@empal.com

ISBN	978-89-6421-168-7 93560
정 가	15,000원

머리말

　이 책은 마이컴 "아두이노"를 재미삼아 실습 할 수 있게 안내한다. 작고 사랑스런 "절친한 친구"라는 의미의 아두이노보드와 친해지도록 돕는다. "아두이노"는 ATmega328과 다양한 I/O를 포함한 명함크기의 마이컴으로 하드웨어와 소프트웨어 모두가 무료로 공개 되어 있고, 하드웨어 가격도 2~3만원 정도로 저렴하며, 믿어지지 않을 정도로 다루기가 쉽다.

　이 책에서는 아두이노를 처음 접하는 초보자에게 전자회로, 디지털, 아날로그의 이해, 입력과 출력에 대한 기본 적인 지식과 마이컴 하드웨어 구조의 소개와 이를 활용하는 소프트웨어를 예제 중심으로 소개한다.

　실습은 직접 해 볼 수 있게 하였고, 실습하는데 10분도 걸리지 않는 LED 반짝이기, 나만의 온도계로 온도 측정하기, 어두운 정도를 측정하여 LED로 밝히기, 삐 소리 만들고 띠리리 떤떤의 간단한 노래, 버튼스위치, 스피커로 마이크를 둔갑시켜 노크하는 실습, 아두이노와 컴퓨터와의 대화 등을 재미삼아 배울 수 있게 쉽게 구성하였다.

　이 책과 함께 아두이노 보드와 몇몇 실습용 부품을 묶어서 패키지로 구성하였다. 저항, LED, 피에조 스피커, 온도센서, 조도센서, 스위치 및 점퍼선, 브레드보드가 포함된다. 네이버의 카페 "아두이노"(http://cafe.naver.com/arduinocafe)를 참고하자.

　아두이노와 함께 재미삼아 즐겁고 행복한 마이크로컴퓨터와 프로그래밍의 세계를 향해 날개를 펴자.

2013년 7월 1일
대표저자 심재창

목차

1부 아두이노 소개

2부 디지털 출력과 입력

4부 아두이노 프로세싱 언어 및 라이브러리

재미삼아 Arduino

1부

아두이노 소개

아두이노
소개와 설치

Chapter 01

아두이노란?

아두이노는 작은 마이크로컴퓨터(마이컴)로 하드웨어 실습과 프로그램을 하기 쉽게 구성되어 있다. 아두이노 보드는 [그림 1-1]과 같이 작고 귀엽게 생겼다. 누구나 재미삼아 배울 수 있는 마이컴이며, 회로도가 제공되는 공개 하드웨어이다. 프로그래밍과 하드웨어에 대한 기초 지식이 없어도 인터넷을 사용 하듯이 바로 적용할 수 있으며, 며칠만 재미삼아 가지고 놀다보면 간단한 전자공학의 원리와 프로그램이 눈에 쏙 들어온다.

워낙 유용하고 쉽고 재미있어서 최근에 구글이 안드로이드의 하드웨어 신랑으로 아두이노를 선택하였다.

그림 1-1 아두이노 보드

그렇다면, 아두이노는 무엇으로 구성될까? 재미삼아 간단한 수학 공식을 빌어 표현하자면,

아두이노 = 히드웨어 보드 + 소프트웨어 언어 + 오픈소스 그룹
소스코드 = 스케치 (아두이노는 소스 프로그램을 '스케치'라 한다.)
소스 저장하는 곳 = 스케치 북

좀 더 구체적으로 정의하면,

※ 하드웨어 = AVR(ATmega328=8비트 마이컴)을 포함한 아두이노 보드
※ 소프트웨어 = 스케치 + 컴파일 + 업로드 (AVR사의 크로스 컴파일러를 포함한 무료 소프트웨어)
※ 통합개발 환경(IDE) = 스케치 작업 + 컴파일 + 업로드

그 응용범위를 표현하면,

아두이노의 응용 = (디지털+아날로그) × (입력+출력)
= 디지털입력 + 아날로그입력 + 디지털출력 + 아날로그출력

결론적으로 아두이노는 HW(하드웨어)와 SW(소프트웨어)에 대한 전문 지식이 없는 경우도 재미삼아 멋진 작품이나 제품을 쉽게 만들 수 있는 마이크로 컴퓨터이다.

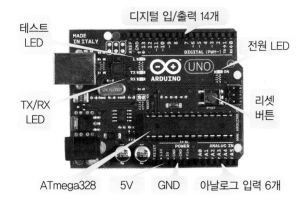

그림 1-2 ATmega328의 구성

ATmega328은 AVR사에서 개발한 8비트 마이크로프로세서로 29핀 DIP(Dual Port Input: 양쪽다리반도체) 패키지로, 32K 프로그램 공간과 23개의 I/O라인 및 6개의 10비트 ADC(아날로그 디지털 콘트롤러)가 20MHz로 작동한다. 입력 전원은 1.8V~5V를 사용한다.

ATMega328 = AVR 28핀 + 20MHz + 32K + 6 A/D

표 1-1 아두이노 우노(Arduino Uno)의 요약(ATmega328)

마이크로 컨트롤러	ATmega328
사용하는 전압	5V
추천 입력 전압	7–12V
최대 입력 전압	6–20V
디지털 입력/출력 핀 수	14 (이 중에 6개는 PWM 출력)
아날로그 입력 핀 수	6
DC I/O 핀 당 전류	40 mA
DC 3.3V 핀을 위한 전류	50 mA
프래시 메모리	32 KB (0.5 KB 가 부트로더로 사용)
SRAM	2 KB
EEPROM	1 KB
클록속도	16 MHz

Q 아두이노 우노에 사용되는 MCU(마이크로컨트롤러)는 무엇일까?

A ATmega328

Q 아두이노란 무슨 뜻일까?

A 이탈리아에서 남자 이름에 많이 쓰이는 "절친한 친구"를 뜻한다.

◉ 아두이노 소프트웨어의 설치

아두이노는 무료 공개 소프트웨어이다. 프로그램의 작성에서 보드에 작동 코드를 넣는 것 까지 모두 처리해 주는 것을 통합개발환경(IDE)이라 한다. 먼저 코드를 작성한 것을 컴파일해서 업로드하는 과정을 순차적으로 하면 된다. 소스코드 작성을 아두이노는 "스케치"라 부른다. 그리고 스케치를 마이크로 컨트롤러가 알아듣게 바꾸는 작업을 "컴파일"이라한다. 컴파일 된 것을 USB 케이블로 아두이노 보드에 옮기는 작업을 "업로드"라 하고, 업로드를 하면 마이컴이 혼자서 척척 일을 한다.

이제 아두이노 소프트웨어를 설치해 보자. 아래의 단계에 따라 아두이노 사이트에서 다운 받아 압축을 풀면 간단하다. 자주 사용하려면 바탕화면에 단축키를 만드는 것도 잊지 말자. 여기서 주의해 할 점은 소프트웨어 설치시에는 USB를 빼고 작업을 시작해야 한다.

Q 아두이노에 프로그램 하는 과정은?

A ① PC에서 프로그램을 작성한다.
② 아두이노 보드에 다운로드 한다.
③ 아두이노 혼자서 작동한다.

1단계 다음 웹사이트에서 소프트웨어를 다운로드한다.

- http://arduino.cc/en/Main/Software

  [Windows Installer] 선택 후

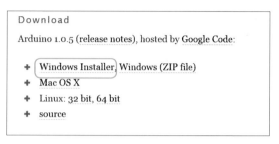

그림 1-3 윈도우 버전 다운로드

그림 1-4 실행(R) 선택

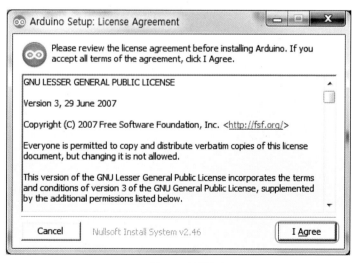

그림 1-5 동의하기

[실행(R)] 선택한다. 보안을 허용한다.

[I Agree] 선택 후 [Next]를 선택한다. 그리고 [Install]을 선택한다.

☑ Arduino LLC 의 소프트웨어는 항상 신뢰(A) 앞에 체크한 후 [설치(I)]를 선택한다.

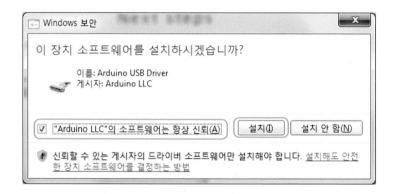

그림 1-6 신뢰에 체크하기 및 설치

드라이버를 설치하는 동안 잠시 기다린다. [Completed]가 나온 뒤 [Close]를 선택한다.

디폴트로 설치되는 폴더는 "C:\Program Files (x86)\Arduino" 이다.

2단계   단축 아이콘을 바탕화면에 만들기

- 설치를 완료하면 단축 아이콘이 자동으로 만들어 진다. 수동으로 만드는 방법은
- 탐색기에서C:\Program Files(86)\arduino 또는 C:\Program Files\arduino폴더의 exe 아이콘 위에 마우스 오른 버튼을 클릭한다.
- [보내기] → [바탕화면에 바로가기 만들기]

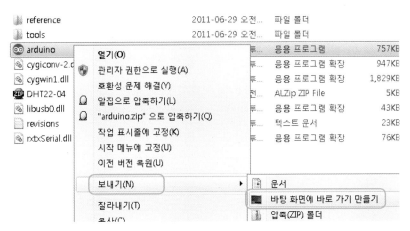

그림 1-7 바탕화면에 "아두이노" 바로가기 아이콘 만들기

3단계 USB 연결

- 컴퓨터와 아두이노를 USB로 연결한다.
- 잠시 화면이 나올 때까지 기다린다.

4단계 새 하드웨어 추가

이 과정에서 실수하면 고생할 수 있으므로 아래 단계를 따라 유의하면서 실행하면 자동으로 설치된다. 만약 실패되면 USB를 제거한 다음 다시 끼운다.

- [인터넷에서 검색]에서 [취소] 클릭
- [컴퓨터에서 드라이버 소프트웨어 찾아보기] 클릭

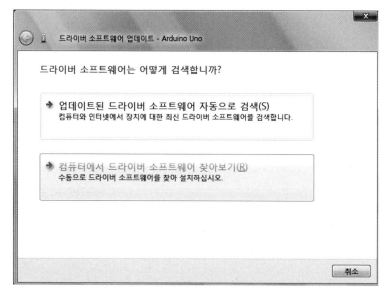

그림 1-8 드라이버를 하드디스크에 설치

- 폴더 선택은 C:\Program Files\arduino\drivers

주의

C:₩Program Files₩arduino₩FTDI USB Drivers를 선택하면 오류가 날 수 있으므로 반드시 "C:₩Program Files₩arduino₩drivers" 까지만 선택한다.

5단계 설치가 잘 되었는지 확인하기

- 프로그램 실행하기: 바탕화면의  또는 아두이노 폴더의 arduino 클릭하거나, 시작프로그램의 모든 프로그램에서 Arduio를 선택한다.

그림 1-9 아두이노의 실행

[그림 1-10]과 같이 예제를 실행하여 설치를 확인한다.

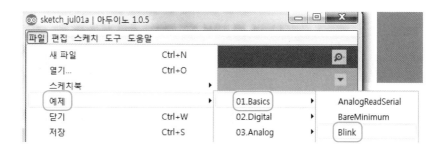

그림 1-10 LED 깜빡임 blink 예제 코드 찾기

파일 〉 예제 〉 01.Basics 〉 Blink를 선택한다.

- 컴파일하기: 툴바 왼쪽의 삼각형을 포함한 둥근 원을 클릭한다.

그림 1-11 컴파일 하기 아이콘

아래 부분에 다음과 같은 메시지(컴파일 완료)가 보이면 컴파일이 완료되었다.

그림 1-12 컴파일된 결과 창: "컴파일 완료"

컴파일이 완료되었으면 다음과 같이 업로드하여 프로그램을 보드에 저장한다.

• 툴바에서 화살표가 오른쪽으로 향하는 네모 상자를 클릭한다.

그림 1-13 아두이노로 업로드

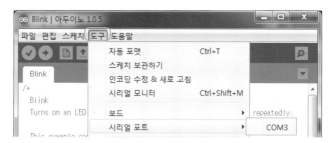

그림 1-14 포트 선택

아래 부분에 다음과 같은 메시지(Done uploading)가 보이면 업로드가 성공

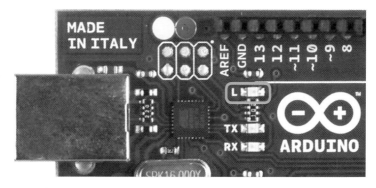

그림 1-15 업로드가 성공된 화면

위 단계와 같이 업로드가 완료되면 보드의 USB 앞에 있는 LED가 1초에 한 번씩 깜박임을 확인할 수 있다.

그림 1-16 보드의 LED 깜박임 확인하기 "원으로 표시된" 부분이 보드의 LED

Q 14개의 디지털 입/출력 핀중에 12번을 디지털 출력으로 하려면 어떻게 해야 하는가?

A pinMode(12, OUTPUT);으로 설정해야 한다.

Q 통신에서 보드레이트가 같지 않으면 어떻게 될까?

A 글자가 깨어지거나 통신이 되지 않는다.

◉ 아두이노 프로그래밍

[그림 1-17]은 아두이노 보드에서 13번 핀의 LED를 깜박이는 프로그램의 예이다.

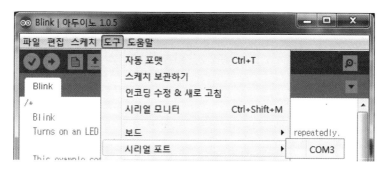

그림 1-17 스케치 입력

[그림 1-17]에서 보이는 것처럼 아두이노 프로그램은 C언어나 C++ 또는 Java에 비해 훨씬 쉽고 간단하다.

∷ 아두이노 프로그래밍의 기초

아두이노 언어는 C언어와 유사하지만, 더 간단하다. 아두이노 라이브러리는 C언어로 작성되고, IDE 통합 환경은 Java로 만들어졌다.

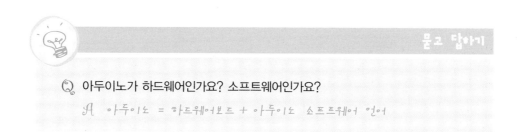

물고 답하기

Q. 아두이노가 하드웨어인가요? 소프트웨어인가요?

A. 아두이노 = 하드웨어보드 + 아두이노 소프트웨어 언어

구조(Structure)

아두이노 프로그램을 스케치(sketch)라고 부르며 (일반적인 프로그래밍에서는 소스코드라고 함) 일반적으로 두 개의 함수를 호출한다.

```
void setup(){
    // 이곳에 있는 코드는 한번만 실행됨
}
void loop(){
    // 이곳의 코드는 반복해서 실행됨

}
```

문법(Syntax)

- // 두 줄 슬래쉬 뒤는 한 라인의 설명문
- /* 사이는 여러 라인의 설명문 */
- { 중괄호 사이는 코드 블록 }
- ; 한 줄의 코드 끝에는 세미콜론을 붙임

변수(Variables)

- int // 2바이트, 16비트 정수, -32,768~32,767
- long //4바이트, 32비트 정수, -2,147,483,648~2,147,483,647
- boolean // 1비트, 참(True) or 거짓(False)
- float // 4바이트 소수, -3.4E+38~-3.4E+38
- char // ASCII 코드   'A' =65

산술 연산자 (수학적 계산)

- = 대입
- % 모듈러(나누고 남은 값) (예: 5%3 = 2)
- + 덧셈
- - 뺄셈

- * 곱셈
- / 나눗셈

비교 연산자 (논리적 비교)

- == 같은가?
- != 같지 않은가?
- ⟨ 작은가?
- ⟩ 큰가?

제어구조

프로그램은 코드를 차례대로 실행되나, 제어문을 이용하여 바꾼다.

- if(조건){ }

  else if (조건){ }

  else { }

- for(int i=0; i⟨반복회수; i++){ }

디지털(Digital) 함수

- pinMode(pin, mode);
- digitalWrite(pin, value);
- int digitalRead(pin);

아날로그(Analog) 함수

- int analogWrite(pin, value);
- int analogRead(pin);

아두이노 프로그램의 실행

- 스케치 작성
- 컴파일
- 업로드

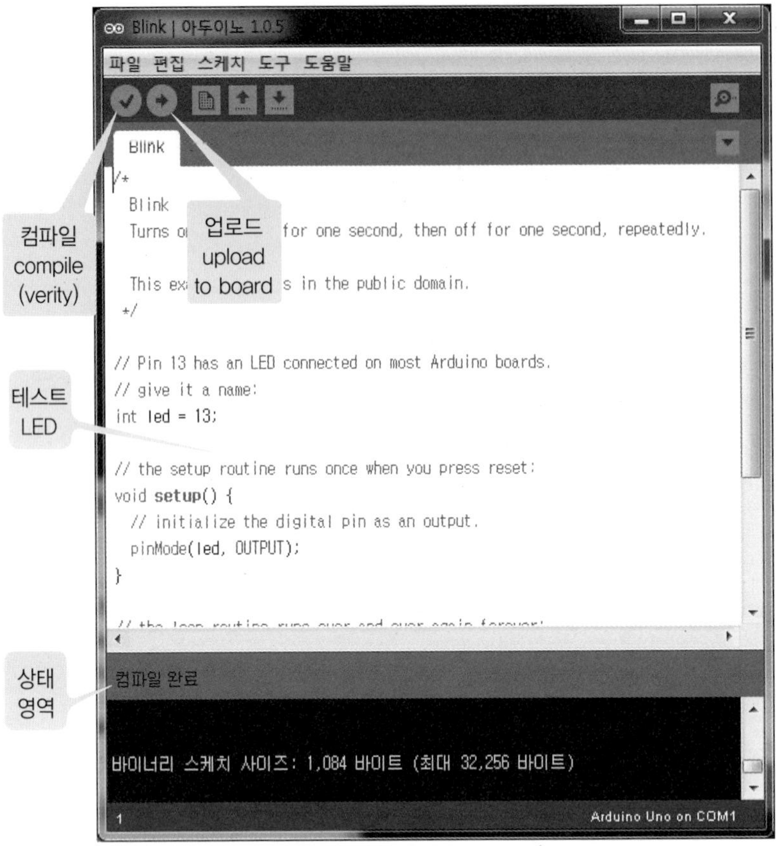

그림 1-18 컴파일 및 업로드 아이콘과 상태 영역

아두이노 보드에 프로그램을 업로드 하면 내부는 어떻게 동작을 할까? 보드의 13번에 연결된 LED를 깜박인 다음 5초간 대기하였다가 이 사이에 새로운 스케치가 도착하면 새 스케치를 업로드 하고, 그렇지 않으면 이전 스케치를 실행한다.

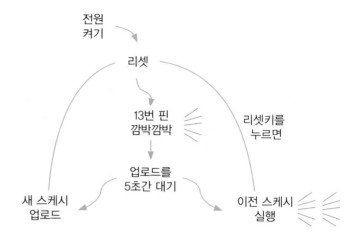

그림 1-19 아두이노 보드의 내부 동작의 분해

아두이노 언어에 대해서는 12장에서 다시 학습할 기회가 있다.

● 아두이노 통합 개발 환경(IDE)

통합개발환경(IDE)에는 코드 작성을 위한 텍스트 에디터, 메시지 영역, 텍스트 콘솔, 툴바, 버튼과 메뉴가 있다. 아두이노 하드웨어에 프로그램을 업로드하며 시리얼 통신도 한다. 앞서 얘기했듯이 아두이노로 작성된 프로그램을 스케치라 한다. 스케치는 텍스트 에디터에서 작성하고, 복사하여 붙여 넣기와 찾기 바꾸기 기능도 활용 할 수 있다.

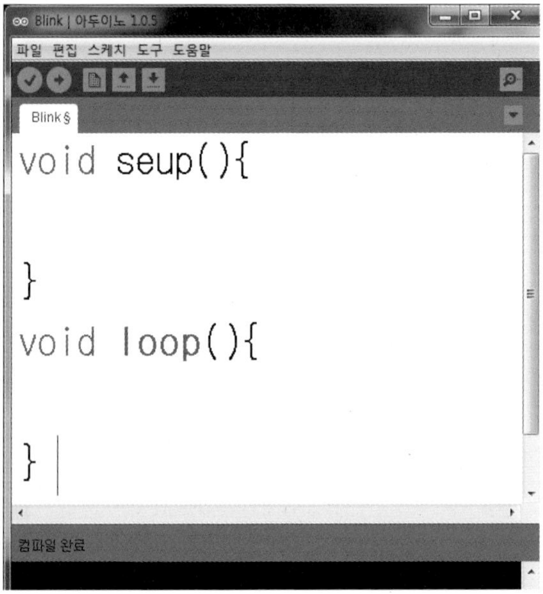

그림 1-20 아두이노 프로그램의 골격. setup, loop

- ☑ 확인　　　　// 코드의 오류를 확인
- ➡ 업로드　　　// 아두이노 보드로 코드를 업로드 함
- 🗋 새 파일　　　// 새로운 스케치를 만듦
- ⬆ 열기　　　　// 스케치북에서 스케치를 가져옴
- ⬇ 저장　　　　// 스케치를 저장함
- 🔍 시리얼 모니터 // 시리얼 모니터를 열어봄

그림 1-21 메뉴와 툴바

Edit

- Copy for Discourse   // 색상까지 클립보드에 복사
- Copy as HTML   // HTML로 클립보드에 복사, 웹페이지에 적합

Sketch

- Verify/Compile   // 스케치의 오류 점검
- Import Library   // 라이브러리 헤더 파일을 가져옴
- Show Sketch Folder // 스케치 폴더를 열어 보여줌
- Add File...   // 소스 파일을 스케치에 추가

Tools

- Auto Format   // 코드를 멋지게 정리해 줌
- Board   // 아두이노 보드를 선택
- Serial Port   // 시리얼 포트 선택
- Burn Bootloader   // 일반적으로 사용되지 않음, 부트로더가 없는
                      // ATmega에 부트로더를 만들어 줌.

Sketchbook

- 저장하고 관리한다.

Tabs, Multiple Files, and Compilation

- 여러 개의 파일을 관리한다. 아두이노 코드 파일과, C 파일 (.c 확장자), C++ 파일 (.cpp), 또는 헤더 파일 (.h).

Uploading

스케치를 업로드하기 전에 Tools 〉 Board 와 Tools 〉Serial Port 메뉴를 선택해야 한다. 윈도우에서는 COM1, COM2 (시리얼 포트) 또는 COM4, COM5, COM7, 또는 더 높은 번호(USB 포트)를 선택한다. 포트를 찾아보려면 윈도우의 디바이스 매니저를 실행한다.

한번 포트와 보드를 올바르게 선택하면, 컴파일과 업로드가 오류없이 진행된다. 데이터가 업로드 되는 동안은 Rx와 Tx LED가 깜박인다. 핀 13번은 보드의 LED와 연결되어 있다.

Libraries

하드웨어를 제조하는 업체에서 제공하는 라이브러리를 쉽게 활용할 수도 있다. 스케치에서 라이브러리를 사용하려면 Sketch 〉Import Library 메뉴에서 원하는 라이브러리를 선택하면 #include 문이 스케치의 첫 부분에 삽입된다.

라이브러리를 직접 만들어 사용할 수도 있다.

Serial Monitor

아두이노와 통신할 때 사용된다. 아두이노가 보내는 데이터를 받기도 하고, 아두이노로 보낼 수도 있다.

Boards

어떠한 보드를 선택하느냐에 따라 CPU 속도와 업로드 할 때의 전송 속도에 영향을 미친다.

- Arduino Uno // ATmega328이 16 MHz 로 자동 리셋 되며 optiboot bootloader를 사용한다. (115200 보드, 0.5 KB).

- Arduino Duemilanove or Nano // ATmega328,
- Arduino Diecimila, Duemilanove, or Nano // ATmega168
- Arduino Mega 2560
- Arduino Mega (ATmega1280)
- Arduino Mini
- Arduino Fio // An ATmega328 running at 8 MHz with auto-reset. Equivalent to Arduino Pro or Pro Mini (3.3V, 8 MHz) // ATmega328.
- Arduino BT // ATmega328
- Arduino BT // ATmega168
- LilyPad Arduino // ATmega328
- LilyPad Arduino // ATmega168
- Arduino Pro or Pro Mini (5V, 16 MHz) // ATmega328
- Arduino Pro or Pro Mini (5V, 16 MHz) // ATmega168
- Arduino Diecimila, Duemilanove, or Nano // ATmega168
- Arduino Pro or Pro Mini (3.3V, 8 MHz) // ATmega328
- Arduino Pro or Pro Mini (3.3V, 8 MHz) // ATmega168
- Arduino NG or older // ATmega168
- Arduino NG or older // ATmega8 An ATmega8

요약정리

- 아두이노 보드는 ATmega328 MCU를 사용한다.
- 아두이노 보드는 다양한 입출력을 제공한다.
- 보드의 LED는 13번 핀과 연결된다.
- 아두이노 소프트웨어는 C언어를 쉽게 만든 것이다.

아두이노
보드만으로
가지고 놀기

Chapter 2

아두이노 보드만 구매하고, 저항이나 버튼, 온도나 조도 센서가 준비 되어 있지 않다면, 무엇을 할 수 있을까? 아두이노 보드만으로도 여러 가지 실습이 가능하다. 먼저 보드에 달린 LED를 깜박여보고, 전선으로 스위치를 만들어 디지털 입력을 실습할 수 있다. 시리얼 통신으로 컴퓨터와 아두이노를 서로 대화 시킬 수 있다. 조금 더 나아가 고급 응용으로 아날로그 출력을 조절하여(PWM) LED 밝기를 조절하거나 빠르게 깜박이게 할 수도 있다.

◉ 보드의 LED 깜박임

아두이노 보드에 부착된 LED를 활용해 보자. [그림 2-1]의 화살표로 표시된 부분인 L 옆의 흰색 사각형 **ㄴ버튼** 이 LED이다. 이 LED는 13번 핀과 서로 연결되어 있다.

✻✻ LED 가지고 놀기: LED를 1초에 한 번씩 깜박이도록 해 보자.

프로그래밍 과정은 "스케치"를 작성하고, "컴파일"한 다음 아두이노 보드에 "업로드" 한다.

그림 2-1 아두이노 보드의 13번과 연결된 LED

스케치 작성하기

① 아두이노 프로그램을 실행한다.

② 소스 코드를 입력하거나, 예제 프로그램을 불러 온다. 예제 소스 코드는
☑ File 〉 Examples 〉 1.Basics 〉 Blink를 선택 한다.

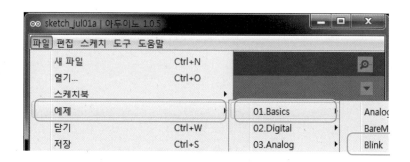

그림 2-2 아두이노 예제 중에 Blink 찾기

그림 2-3 아두이노 스케치 (소스코드이 작성) 및 컴파일 성공된 화면

// (더블 슬러시) 다음에 오는 문장은 설명문으로 프로그램에서는 실행되지
않는다.

소스코드

```
void setup(){
  pinMode(13, OUTPUT);
}
void loop(){
  digitalWrite(13, HIGH);
  delay(1000);
  digitalWrite(13, LOW);
  delay(1000);
}
```

컴파일

작성한 소스코드를 아두이노 실행 파일로 만드는 것을 "컴파일"이라고 하며, 메뉴 바로 아래의 왼쪽 첫 번째 버튼  을 누른다.

그림 2-4 컴파일 버튼

프로그램에 이상이 없으면 [그림 2-5]처럼 "컴파일 완료"가 보이고, 코드의 크기(예: 1084 바이트)가 출력 된다.

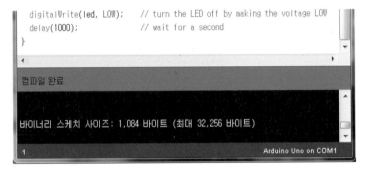

그림 2-5 컴파일이 성공된 화면

프로그램에 오류가 있으면 아래 부분에 붉은색으로 오류에 대한 설명이 나타난다. 다음의 예는 pinMode를 tpinMode로 잘 못 입력한 경우이다. "tpinMode was not decleared in this scope"라고 아래 부분에 나타난다. 오류를 수정하고 (tpinMode를 pinMode로 수정) 다시 컴파일 버튼을 누른다.

그림 2-6 컴파일 오류의 예 (pinMode를 tpinMode로 잘못 기록한 경우임)

업로드

아두이노 실행 파일을 아두이노 보드에 저장하는 것을 "업로드"라고 한다. 이 작업을 하기 전에 반드시 USB 케이블이 연결되었는지 확인하고, USB를 시리얼로 바꾸는 디바이스 드라이버가 설치되어 있어야 한다. 오른쪽 방향의 화살표 ● 버튼을 누르면 업로드가 진행 된다.

그림 2-7 프로그램을 아두이노로 업로드

오류가 없는 경우 "업로드 완료"가 출력 된다.

그림 2-8 업로드가 성공된 경우의 메시지 창

포트가 잘못 설정되면 아래쪽의 오류 표시 란에 붉은색으로 설명이 나온다. 메뉴에서 툴 〉 시리얼 포트 〉 COM?를 확인해 보자. "?는 숫자를 표시하고 컴퓨터에 따라 다른 숫자가 나타날 수 있다." COM1 등으로 잘못 설정된 경우 그림 2-9와 같이 오류가 나타난다.

그림 2-9 포트가 잘못되어 업로드에 실패한 경우

아두이노에 업로드가 완료되면 1초에 한번씩 LED가 깜박인다. 확인해 보자.

그림 2-10 보드의 LED가 깜박임

내가 만든 디지털 스위치 입력

스위치를 이용하여 디지털 값을 아두이노에 입력하려면, 다음과 같은 회로가 필요하다. 220옴(Ω)의 저항과 스위치를 직렬로 연결하고 그 사이에 핀 12번을 연결한다. 저항은 전류의 흐름을 조절하는 기능이다. 220Ω은 저항색띠가 '빨강, 빨강, 갈색' 의 색상이다. 저항이 준비되어 있지 않아도 실습이 가능하다.

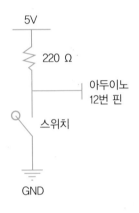

그림 2-11 디지털 스위치 회로

아두이노 보드의 내부에 저항이 포함되어 있는데, 이 저항을 활용하려면 다음과 같이 Setup()에서 digitalWrite() 명령으로 사용하는 핀을 HIGH로 설정해야 한다.

```
Setup(){
  digitalWrite(12, HIGH);
}
```

스위치 가지고 놀기

전선(점퍼선)을 GND 핀과 12번 핀에 하나씩 연결하고, 서로 연결하면 LED가 꺼지고, 떼면 켜지도록 한다.

참고 ···

GND 핀은 0V로 접지를 의미한다.

주의 ···

스위치를 만들려면 저항이 꼭 필요한데, 아두이노 보드 속에 들어 있다. 이 저항을 풀다운 저항이라고 한다. 내부의 풀다운(Full-Down)저항은 쉬고 있는데, 이를 작동시키려면 Setup(){ }에서 연결하려는 12번 핀을 HIGH로 설정해야 한다.

digitalWrite(12, HIGH)

아두이노
12번 핀

스위치

GND

그림 2-12 아두이노 내부의 풀다운 저항을 이용하는 회로도

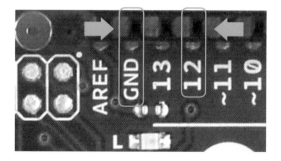

그림 2-13 GND 핀과 12번 핀을 연결시킴

그림 2-14 점퍼선을 GND와 12번 핀에 연결

```
// 12번은 스위치(sw), 13번은 LED
void setup()
{
  pinMode(13, OUTPUT);        // 13번을 출력으로
  digitalWrite(12, HIGH);     // 12번 풀업저항을 사용함
}
void loop()
{
  int sw = digitalRead(12); // 12번 읽기
  if(sw==HIGH){
  digitalWrite(13, LOW);      // sw가 HIGH면 떨어져 있음,
                              // LED 끔

  }
  else { digitalWrite(13, HIGH); }
                              // 합선하면 sw가 LOW 됨, LED 켬
}
```

그림 2-15 두 선을 합선시킨 화면

컴퓨터와 아두이노 대화하기

아두이노가 컴퓨터에게 말걸기

아두이노 보드는 USB 케이블을 통해서 컴퓨터와 대화한다. 우선 컴퓨터와 아두이노가 말하는 속도인 시리얼 통신 속도를 설정해야 한다. Serial.println() 을 통해서 컴퓨터를 향해 아두이노가 말을 걸 수 있다.

컴퓨터와 아두이노 대화시키기

아두이노가 1초 마다 숫자를 하나씩 증가 시키고, 이 값을 컴퓨터로 보내는 프로그램을 작성해 보자. 컴퓨터에서는 시리얼 포트를 열어 주는 프로그램만 있으면 아두이노가 하는 말을 화면에 보여 줄 수 있다.

소스코드

```
// 아두이노가 1초 마다 숫자를 증가시켜
// 컴퓨터로 보냅니다.
void setup()
{
  Serial.begin(9600);  // 통신속도 9600
}
int cnt=0;             // 정수 변수 선언
void loop()
{
  cnt++;               // 정수 증가
  Serial.println(cnt); // 시리얼 포트로 보내기
  delay(1000);         // 1초를 대기함
}
```

delay(1000)은 1초 동안 기다린다는 의미이다. 1000msec 는 1초 이므로 2초는 2000이다. 프로그램이 실행되어도 아무 변화가 없다. 어떻게 하면 아두이노가 컴퓨터에게 보내온 숫자를 볼 수 있을까? 시리얼 모니터를 열어야 한다.

시리얼 모니터 열기

메뉴 아래에 툴바에서 가장 오른쪽에 있는 버튼인 시리얼 모니터  를 선택하면 시리얼 창이 열린다. 이곳은 아두이노와 대화하기 위한 창이다. 아두이노에서 Serial.println( ) 함수로 말하면 이곳에 글이 나타난다. 아두이노가 1초마다 숫자를 보내면 COM8을 통해 컴퓨터에 출력 되는 것을 볼 수 있다.

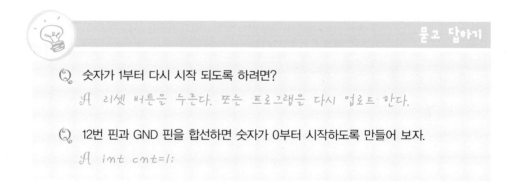

그림 2-16 시리얼 모니터 아이콘을 누름

그림 2-17 아두이노에서 보낸 숫자가 출력

묻고 답하기

Q. 숫자가 1부터 다시 시작 되도록 하려면?

A 리셋 버튼을 누른다. 또는 프로그램을 다시 업로드 한다.

Q. 12번 핀과 GND 핀을 합선하면 숫자가 0부터 시작하도록 만들어 보자.

A int cnt=1;

컴퓨터가 아두이노에게 이야기하기

컴퓨터가 아두이노에게 말하려면 어떻게 해야 할까? '시리얼 모니터'를 통해서 아두이노에게 말을 전달 할 수 있다. 시리얼 모니터의 가장 윗줄에 'h'를 입력하고 [Send] 버튼을 누르면 컴퓨터가 'h'를 아두이노에게 전달한다. 아두이노에 프로그램을 작성해서 'h'가 들어오면 LED를 켤 수 있게 해보자.

컴퓨터가 아두이노에게 말 걸기

컴퓨터가 'h' 문자를 보내면 LED를 2초간 켜는 프로그램을 작성해 보자.

소스코드

```
// 'h'를 받으면 2초간 LED를 켬
void setup()
{
  pinMode(13, OUTPUT); // 13핀 출력으로 (LED 연결된 핀)
  Serial.begin(9600);  // 통신 속도 설정
}
void loop()
{
  char ch =  Serial.read();
  if(ch=='h'){
    digitalWrite(13, HIGH);
    delay(2000);
    digitalWrite(13, LOW);
  }
}
```

요약정리

- 보드에 달린 LED는 13번 핀과 연결 되어 있다.
- 보드의 LED를 digitalWrite(13, HIGH); 로 켤 수 있다.
- 내가 만든 스위치로 디지털 입력이 가능하다 (풀업 레지스터를 활성화해야 한다)
- 아두이노와 컴퓨터가 시리얼 통신을 통해 대화 할 수 있다.
- Serial.println( ) 함수가 대화에 이용된다.

45

묻고 답하기

Q. 풀업 저항을 활성화 하지 않고 스위치를 연결하면 어떻게 될까요?

A. 스위치가 열려 있을 때 값이 불안정하다. 즉, ON/OFF 상태가 명확하지 않다.

Q. 아두이노와 컴퓨터는 물리적으로 무엇을 이용하여 통신을 하는가?

A. 시리얼 포트 (RS232C)

실전예제

• 컴퓨터가 "Hi" 라는 단어를 보내면 LED가 켜지고, "Bye"라는 단어를 보내면 LED가 꺼지도록 해보자.

• Serial과 관련된 함수는 어떤 것이 있는지 조사해 보자.

전자 회로의 원리

전자 기기는 배터리와 전자 부품으로 구성이 된다. 배터리에 있는 전자들이 전선을 따라 움직이는데, 이때 흐르는 전자의 수량을 전류라고 한다. 전압은 펌프 역할을 하고, 전류는 수도관에 흐르는 물로 생각해 볼 수 있다. [그림 3-1]은 사람의 심장이 배터리에 해당하고, 핏줄은 전선, 그 속에 흐르는 피는 전류로 비유한 그림이다. 전류는 전위(電位)가 높은 곳에서 낮은 곳으로 전하(電荷)가 연속적으로 이동하는 현상이다. 물이 높은 곳에서 낮은 곳으로 흐르는 것처럼 전하는 전자의 위치에너지가 높은 곳에서 낮은 곳으로 이동하는 물리적 현상이다. 물이 흐르는 이유가 중력 때문이라면 전류는 기전력(起電力)이라는 힘에 의해 흐른다. [그림 3-2]는 배터리에 스위치와 전구가 연결된 간단한 회로의 예를 나타낸다.

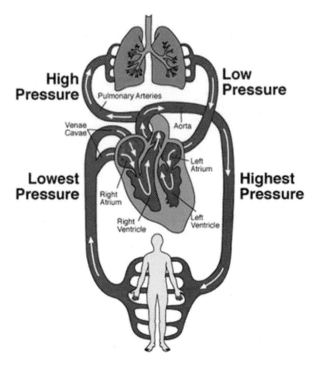

그림 3-1 심장은 펌프, 피는 흐름

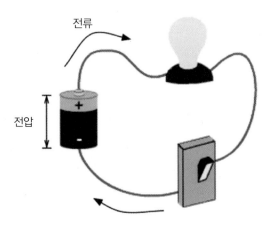

그림 3-2 전압은 밀고, 전류는 흐름

● 전자의 기본지식

저항

물체에 전류가 통과하기 어려운 정도를 나타내는 수치를 저항이라고 한다. 전압(V)은 저항(R)과 전류(I)의 곱으로 표현된다. (V = I * R 또는 I = V / R) 아두이노에서는 전압이 5V로 연결되므로, 저항에 따라 전류의 세기가 정해진다.

커패시터

직류 전류는 통과시키지 않고, 교류 전류만 통과시키는 특성이 있다. 그리고 커패시터를 활용하여 스파크 잡음을 제거하여 수명을 연장하게 하는 응용 등 다양한 직류/교류 신호처리 목적으로 활용된다.

풀업(Pull up) / 풀 다운(Pull down) 저항

풀업을 통해 위로 지지하고 스위치를 켜면 다운 저항의 값을 칩에 인가하여 안정적인 값을 얻게 한다.

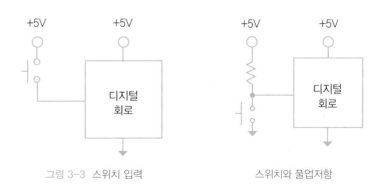

그림 3-3 스위치 입력   스위치와 풀업저항

풀업 저항 회로는 저항이 5V(VDD) 에 연결된다. 풀업에서의 스위치를 누를 때와 떨어질 때의 상태를 나타내면 다음 표와 같다. [그림 3-3]의 스위치 입력회로에서 스위치가 OFF 되어 있을 때 0 인지 5 인지가 부정확한 반면, 풀업저항을 사용하는 경우는 스위치가 OFF 되었을 때 5V로 명확하다.

스위치	ON	OFF
스위치 입력	0V	모름(Floating)
스위치와 풀업저항	0V	5V

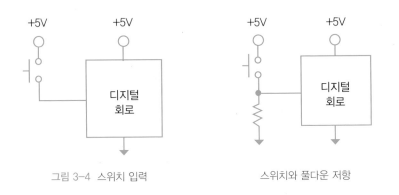

그림 3-4 스위치 입력   스위치와 풀다운 저항

풀다운 저항 회로는 저항이 접지(GND)에 연결 된다. 스위치를 누를 때와 떨어질 때의 상태를 나타내면 다음 표와 같다. 스위치 입력회로에서 OFF 되어 있을 때 0V인지 5V인지가 부정확한 반면, 풀다운 저항을 사용하는 경우는 0V 로 명확하다.

스위치	ON	OFF
스위치 입력	5V	모름(Floating)
스위치와 풀다운저항	5V	0V

● 저항읽기

저항은 전류의 흐름을 억제한다. 저항이 작으면 전류가 잘 흘러 LED의 빛이 밝아진다. 예를 들면 구리선은 저항이 거의 없어 전류가 잘 흐르고, 플라스틱은 저항이 너무 커서 전류가 흐르지 못하는 것과 같은 원리이다.

| 그림 3-5 저항 기호 | 그림 3-6 저항색띠 |

저항은 양쪽으로 다리가 나온 원통형 모양으로 몸통에 색상 띠가 있다. 이 띠는 모양을 위해 만든 것이 아니고, 저항의 크기를 표시한다. 예전에는 작은 저항에 숫자를 적기가 어려워서 엔지니어들이 지혜롭게 색 띠로 표시를 한 것이다.

저항 읽는 방법은 첫 색띠와 둘째 색띠의 숫자를 차례로 적고, 세 번째 색띠의 숫자 만큼 10진수 지수로 곱해서 표현한다. 네 번째 색띠는 정확도를 나타낸다. 금색이면 허용 오차가 5% 이내로 매우 정확한 저항이다.

첫 번, 둘째, 세째 색띠의 숫자										네 번째 색띠		
흑	갈	빨	주	노	초	파	보	회	흰	금	은	없음
0	1	2	3	4	5	6	7	8	9	5%	10%	20%
무지개색 (남색제외)										저항오차		

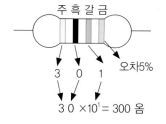

주 흑 갈 금

3 0 1   오차5%

$3\,0 \times 10^1 = 300$ 옴

첫색	둘째색	셋째(0의 갯수)
주 3	흑 0	갈 1
3	0	0

그림 3-7 저항 읽기

10KΩ(옴) = 10,000Ω은 1 "갈"   0 "흑" , 000은 0이 3개 "주" = 갈흑주

첫색	둘째색	셋째(0의 갯수)
갈 1	흑 0	주 3
1	0	000

예제) 220의 색상은? 2 "빨" 2 "빨"   0이 1개 "갈" = 빨빨갈

저항의 단위는 Ω(옴)으로 표시한다. 4,700Ω을 4.7K라고 읽고, 10,000,000Ω은 10MΩ이라고 표시한다. 회로도에 가끔씩 4K7가 보이는데, 4.7KΩ 또는 4,700Ω을 나타낸다.

◉ 커패시터 읽기

커패시터 값은 읽기가 쉽다. 원통모양의 전해 커패시터는 숫자가 인쇄 되어 있다. 커패시터 값은 패럿(F) 단위이며, 우리가 사용할 커패시터는 대부분 마이크로패럿(μF) 단위이다. 100μF은 100마이크로패럿으로 읽는다.

　1,000 pF = 1 nF = 0.001 μF

납작한 접시 모양의 용량이 pF(피코패럿) 정도인 세라믹 커패시터는 크기가 너무 작아 값을 표시할 공간이 부족하여 세 자리 숫자코드를 이용한다. 1,000,000pF은 1μF과 같다. 저항 읽는 것과 거의 유사한데, 세 번째 숫자는 앞의 두 숫자 뒤에 따라오는 0의 개수를 나타낸다. 0, 1, 2, 3, 4, 5 는 0의 개수를 의미하지만, 8은 앞의 두 숫자에 0.01을 곱하고, 9는 0.1을 곱하면 된다. 6과 7은 사용하지 않는다.

104로 표시된 커패시터의 경우

첫수	둘째	셋째(0의 갯수)
1	0	4
1	0	0000

100,000pF = 0.1μF 으로 읽는다.

229는

첫수	둘째	셋째
2	2	9
2	2	×0.1

22×0.2 = 2.2pF 이다.

470000pF

그림 3-8　474 커패시터

150000pF

그림 3-9　154 커패시터

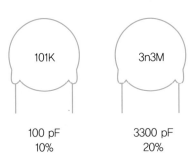

101K   3n3M

100 pF   3300 pF
10%   20%

그림 3-10 101K 및 3n3M 커패시티

커패시터의 오차는 알파벳으로 표시한다. F: 1%, G: 2%, J: 5%, K:10%, M: 20%

◎ 브레드보드

브레드보드는 구멍에 전자부품과 전선(점퍼선)을 꽂아서 회로를 만들 수 있는 보드이다. 납땜 없이 쉽게 만들고 바로 변경할 수 있어 편리하다. 구멍 간격은 2.54mm 로 전자 부품들의 핀 간격도 이와 같다.

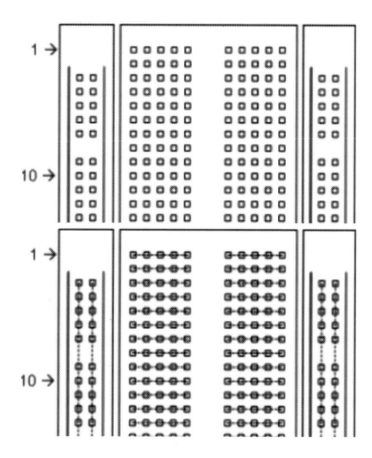

그림 3-11 브레드 보드의 구성

전선을 구멍에 꽂으면 꽉 조이는 느낌이 든다. 보이지 않지만 왼쪽, 오른쪽 두 줄은 아래 위 방향으로 구멍들이 전기적 연결이 되어 있고, 가운데 다섯 칸으로 된 두 개의 블록은 가로방향으로 전기적 연결이 되어 있다. 두 개 블록 사이는 전기적으로 연결되지 않으며, 스위치나 칩 같이 양쪽이 떨어져야 하는 경우에 적합하다. 위 아래 방향으로 푸른색 방향의 구멍은 접지(GND)로 붉은색 방향의 구멍은 전원(VDD)으로 사용하면 양극과 음극을 혼동하지 않고 실험하는데 편리하다.

요약

- LED를 바로 연결하기 보다 220Ω의 저항과 직렬로 연결하는 것이 전류를 제어해서 부품을 보호 할 수 있다.
- 스위치를 바로 디지털 입력에 연결하면 스위치가 개방 되어 있을 때 상태가 불확실하다. 아두이노 보드에서는 내부 풀업 저항을 포함하고 있는데, 이것을 활용하면 저항 없이도 연결 할 수 있다. (실습에서 활용)

묻고 답하기

Q 220Ω의 저항 색띠는?

A 빨빨갈

Q 캐패시터에 474라고 적혀 있다면 용량은?

A 470000 pF

재미삼아 Arduino

디지털 출력과 입력

LED 가지고 놀기

Chapter 04

LED가 뭘까?

전기를 연결하면 불빛이 반짝이는 작은 부품을 LED라고 한다. 색상도 다양하고, 이것을 아주 작게 가로 세로로 붙여서 LED TV를 만든다. LED는 영어로 Light-Emitting Diode이며, 빛이 나오는 다이오드를 의미한다.

LED = Light-Emitting Diode

그림 4-1 붉은색 LED

LED는 전기가 한쪽 방향으로만 흐르는데, 긴 다리 쪽이 +, 짧은 다리 쪽이
- 이다. 다이오드는 모두 전기가 한 방향으로만 흐른다.

그림 4-2 LED의 부품 설명   그림 4-3 LED의 심볼

실수로 +, - 를 바꾸면 LED는 그만 생명을 잃어버린다. 둥근 머리 부분의 한
쪽을 평편하게 잘라서 표시된 부분이 - 이다.

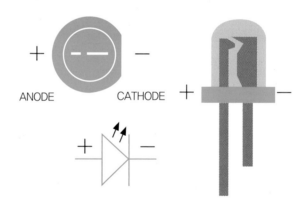

그림 4-4 LED의 음극 살펴보기

LED 가지고 놀기

회로는 브레드보드 위에 부품을 꽂아 만들면 수정이 쉽다. 브레드보드는 5
개의 구멍이 서로 연결되어 있고 가운데를 중심으로 양쪽은 떨어져 있다. 긴 방
향의 구멍들은 서로 연결되어 있지 않다.

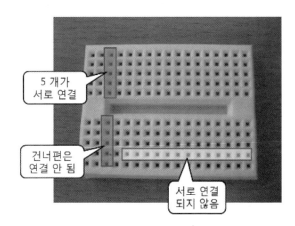

그림 4-5 브레드 보드

LED 회로에 과도한 전류가 흐르면 부품이 파손되므로 '전류를 제한' 하는
저항이 필요하다. 공급전압이 9V인 경우 220Ω의 저항이 적합하다. 저항이 크
면 불빛이 어두워진다. 저항 색 띠는 저항의 크기를 나타내는데 빨빨갈 색띠
는 220Ω의 저항이다. 저항 읽는 방법은 이전 장에서 살펴보았다. [그림 4-6]은
LED 결선도를 나타며, [그림 4-7]은 회로도이다.

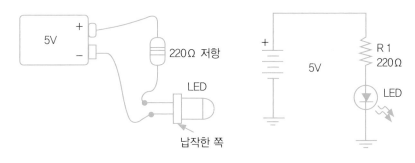

그림 4-6 LED를 저항과 배터리에 연결하기　　　그림 4-7 LED 켜기 회로도

LED 가지고 놀기

LED를 1초마다 깜박이게 하는 프로그램을 작성하자.

부품

LED 1개, 저항 1개

회로

아두이노 보드의 GND 핀을 LED 짧은 쪽에 연결하고, LED의 긴 쪽은 저항과 연결한다. 저항 끝을 13핀에 연결하자. GND는 접지로 '0'V 이다.

그림 4-8 LED 켜기 배선도

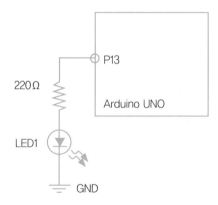

그림 4-9 LED 켜기 회로도

스케치

```
void setup()
{
  pinMode(13, OUTPUT);   // 13번 핀을 출력으로 설정
}
void loop()
{
  digitalWrite(13, HIGH);  // LED 켜기
  delay(1000);             // 1초간 기다림
  digitalWrite(13, LOW);   // LED 끄기
  delay(1000);             // 1초간 기다림
}
```

사용한 명령

- pinMode(핀번호,기능) 아두이노의 핀은 하나의 핀을 아날로그나 디지털 또는 입력 출력 등으로 정해서 사용할 수 있다. HIGH는 5V, LOW는 0V이다.
- digitalWrite(핀번호, 상태) 는 HIGH 또는 LOW 신호를 해당 핀으로 보낸다.
- delay(1000) 1000ms, 1초 동안 상태를 유지한다.

요약정리

- LED는 극성을 가지며 긴 다리 쪽이 +이다. −쪽은 머리 부분을 약간 잘라서 평편해진 쪽이다.
- LED 회로에 220Ω의 저항을 부착해서 전류의 흐름을 작게 하는 것이 좋다.
- pinMode()는 핀을 입력 또는 출력으로 정하는 역할을 한다.

- 3개의 LED를 작동해 보자.

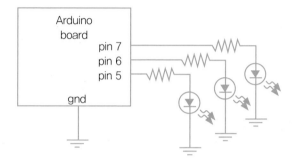

그림 4-10 여러 개의 LED를 연결하기

- LED로 모스 부호를 만들어 보자.

푸시버튼 스위치 가지고 놀기

Chapter 05

푸시버튼이나 스위치는 눌러서 두 개의 지점을 연결시켜 작동시키는 전자 부품이다. 우리가 하루에도 얼마나 자주 푸시 버튼이나 스위치를 사용하고 있는지 생각해 보자. 스마트폰, MP3, 계산기, 마우스, 컴퓨터의 키보드, 전자레인지, 세탁기, 출입문 등 하루에도 수없이 많은 버튼을 사용한다. 스위치 사용은 디지털 입력에 해당한다. 즉, 스위치는 연결과 끊김의 두 가지 (0=0V, 1=5V) 상태로 구성된다.

◦ 디지털 입력이란 무엇인가?

디지털은 0과 1로 표현되며, 0인 상태는 0V(볼트), 1인 상태는 5V(볼트)를 나타낸다. 아두이노에서는 LOW 신호와 HIGH 신호를 보낼 수 있다. LOW 신호는 0V인 상태를 HIGH 신호는 5V인 상태를 말한다. 디지털 입력은 0V 또는 5V 신호를 받아들인다.

그림 5-1 디지털 입력 (Low=0V, High=5V)

HIGH/LOW 신호를 어떻게 만들 수 있을까? 저항과 스위치로 회로를 만들 수 있다. 앞장에서 배운 풀업 스위치 회로와 풀다운 스위치 회로를 참고하자.

◉ 스위치의 종류

푸시버튼은 스위치 중의 한 종류이다. 스위치는 신호를 연결하거나 분리하는 기능을 한다. 스위치는 연결 방법에 따라 종류가 다양하며 [그림 5-2]와 같다.

접촉식 스위치
(Tactile Switch)

마이크로 스위치
(Micro Switch)

누름 스위치
(Push Switch)

슬라이드 스위치
(Slide Switch)

락커 스위치
(Locker Switch)

그림 5-2 여러 가지 스위치의 종류들

● 푸시버튼 가지고 놀기

버튼 가지고 놀기: 버튼을 누르면 LED 켜기

이 장에서는 푸시 버튼을 이용하여 LED를 켜고 끄는 실습을 해보자. 이제 HIGH/LOW 신호를 푸시버튼을 이용해서 보내고자 한다.

준비물

아두이노 보드, 푸시 버튼, 저항 10KΩ (옴), 점퍼 선, 브레드보드

위의 부품들을 이용하여 스위치 회로를 만들자. [그림 5-3]은 풀다운 스위치 회로이며, 스위치를 누르면 5V가 입력되므로 HIGH 가 입력되고, 평소에는 0V 인 LOW가 입력된다.

그림 5-3 푸시버튼과 저항을 아두이노에 연결한 결선도

[그림 5-3]의 결선도를 회로도로 표현하면 [그림 5-4]와 같다. 이 실습 회로에 서는 핀을 2번에 연결한다.

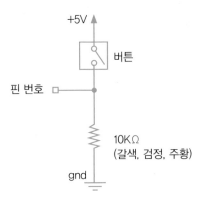

그림 5-4 푸시버튼 회로(저항이 접지와 연결된 풀 다운 회로)

회로를 확인한 다음 소스코드 스케치를 작성한다. 입력하기 어려운 분들을
위해 다행히도 아두이노 프로그램의 예제에 포함되어 있다.

- 스케치 예제: 파일 〉 예제 〉 02.Digital 〉 Button

버튼 스케치

```
// 예제 : 버튼이 눌려져 있는 동안 LED 켜기
// 이 예제를 아두이노에 복사하거나
// 파일>예제>02.Digital>Button을 연다.
int buttonPin = 2;       // 푸시버튼이 연결된 번호
int ledPin = 13;         // LED가 사용하는 핀 번호
int buttonState = 0;     // 입력핀의 상태를 저장하기 위함
void setup() {
    pinMode(ledPin, OUTPUT);        // LED는 출력으로 설정
    pinMode(buttonPin, INPUT);      // 푸시버튼은 입력으로 설정
}
void loop(){
  buttonState = digitalRead(buttonPin);
  // 입력 값을 읽고 저장
  // 버튼이 눌렸는지 확인, 버튼이 눌렸으면 입력핀의 상태는 HIGH가됨
```

```
    if (buttonState == HIGH) {
        digitalWrite(ledPin, HIGH);   //LED 켬
    }
    else {
        digitalWrite(ledPin, LOW);   //LED 끔
    }
}
```

위의 프로그램을 스케치한 후 아두이노에서 컴파일 버튼을 누르고 오류가 없으면 업로드 버튼을 누른다. 주의할 것은 업로드 하기 전에 USB 케이블이 연결되어야 한다.

그림 5-5 컴파일 및 업로드 버튼

코드에 사용된 명령어

위의 코드에 사용된 명령어는 다음과 같다.

- pinMode()
- digitalWrite()
- digitalRead()
- if()
- else

명령어를 자세히 살펴보면

- pinMode(pin, mode) // 사용되는 아두이노 핀을 입력 또는 출력으로 설정한다. mode는 OUTPUT 또는 INPUT을 사용한다.
- digitalWrite(pin, value) // 디지털 핀의 값을 저장한다. value는 HIGH 또는 LOW를 사용한다.
- digitalRead(pin) // 읽으려는 디지털 핀의 번호이다. pin의 값은 HIGH 또는 LOW 값을 리턴 한다.
- if(상태) // if()는 괄호 안에 조건문을 작성하고 조건이 참일 때 바로 아래의 코드 블록이 실행된다. 조건이 참이 아닐 때 else 뒤의 코드 블록이 실행된다. if 조건문에서 (buttonState == HIGH)가 사용될 때 ==는 두 항목을 비교하여 참(TRUE) 또는 거짓(FALSE)을 반환한다. 이 때 =를 사용하면 오류가 발생한다.
- else // if() 조건문이 거짓일 때, else 뒤의 명령문이 실행된다.

실습 확인하기

회로를 완성하고 프로그램을 다운로드 받은 후 작성한 명령이 수행되는지 확인해 본다. USB 케이블이 연결되어 있는지 확인 한 후 업로드 버튼을 누른다. 버튼을 누를 때 LED가 켜지고 떼었을 때 꺼지면 원래 우리가 계획했던 대로 아두이노 보드가 작동하는 것이다.

if-else 예문 핀 입력 값이 500보다 작으면 action A가 실행되고 아니면 action B가 실행된다.

```
if (핀입력값 < 500)
{
    action A
}
else
{
    action B
}
```

◉ LED 깜박임 속도 조절하기

이번 예제는 버튼을 누름으로 깜박이는 속도를 변경한다. 회로는 앞의 예제 (버튼 스케치)와 동일하고 스케치는 다음과 같이 변경한다. 버튼을 누르고 있을 때는 천천히 깜박이고 버튼을 누르지 않을 때는 빨리 깜박이는 실습이다.

```
// 예제 : 버튼을 누름에 따라 LED 깜박이는 속도 조절하기.
// 앞의 예제(버튼스케치)에서 다음과 같이 수정한다.
int buttonPin = 2;                // 푸시버튼이 연결된 번호
int ledPin =  13;                 // LED가 사용하는 핀 번호

int buttonState = 0;              // 입력핀의 상태를 저장하기 위함
int delayval=100;                 // 지연시간 설정 초기값

void setup() {
  pinMode(ledPin, OUTPUT);    // LED는 출력으로 설정
  pinMode(buttonPin, INPUT); // 푸시버튼은 입력으로 설정
}
void loop(){
    buttonState = digitalRead(buttonPin);  // 입력 값을
                                           // 읽고 저장
    // 버튼이 눌렸는지 확인, 버튼이 눌렸으면 입력핀의 상태는
    // HIGH가 됨
    if (buttonState == HIGH) // LED 켬
      delayval=1000;              // 입력값이 HIGH 일 때
                                  // 지연시간 지정 1초
    else
      delayval=100;               // 입력값이 LOW 일 때
                                  // 지연시간 지정 0.1초

    digitalWrite(ledPin, HIGH);
    delay(delayval);
    digitalWrite(ledPin, LOW); // LED 끔
    delay(delayval);
  }
```

위의 스케치를 입력 한 후 컴파일 버튼을 눌러서 오류가 있는지 확인한다. 그리고 아두이노 보드에 USB 케이블을 연결하고 업로드 버튼을 누른다. 보드의 LED가 서너 번 빠르게 깜박이면 다운로드가 되었다는 표시이다.

그림 5-6 컴파일 및 업로드 버튼

코드에 사용된 명령어

위의 코드에서 사용된 명령어는 앞의 예제에 "int delayval=100;" 코드를 새롭게 추가하여 작성하였다.

- delayval() // 명령어는 지연시간을 설정하기 위해 초기화 한 값이다.

실습 확인하기

회로를 완성하고 프로그램을 작성한 다음 아두이노에 다운 받은 후, 아무것도 누르지 않은 상태이면 LED가 0.1초 간격으로 빠르게 깜박이고, 버튼을 누르면 1초 간격으로 조금 느리게 깜박이면 실습이 완성된 것이다.

실습이 제대로 작동되지 않으면 먼저 회로의 핀 번호가 맞게 지정되었는지 확인해 본다.

Delay를 사용하지 않고 깜박이기

아두이노에서는 LED를 깜박일 때 HIGH/LOW 신호를 번갈아 가면서 전달한다. 그 사이에 delay() 함수를 넣어서 간격을 유지하는데 delay() 함수를 사용하지 않고 LED 깜박임을 만들 수 있다. 이렇게 코드를 작성하면 같은 결과를 수행하는데 코드를 줄일 수 있다.

하드웨어 준비물

첫 번째 예제와 동일하다.

회로를 확인한 다음 소스 코드 스케치를 입력한다. 아두이노 프로그램에서 스케치를 불러 올 수 있다.

- 스케치 예제: 파일〉예제〉02.Digital〉BlinkWithoutDelay

```
// 예제 Delay 사용하지 않고 깜박임
// 이 예제를 아두이노에 복사하거나
// 파일>예제>02.Digital>BlinkWithoutDelay를 연다.

const int ledPin =  13;       // LED가 사용하는 핀 번호 설정
int ledState = LOW;           // LED 설정값
long previousMillis = 0;      // 이전 상태를 저장

// 깜박임 간격을 설정할 때는 변수를 long을 사용한다.
// long은 int 보다 큰 수를 저장 할 수 있다.
long interval = 1000;            // 깜박임 간격 설정
                                 // (1000은 1초)

void setup() {
  pinMode(ledPin, OUTPUT);       // LED는 출력으로 설정
}
void loop()
{
    // 이곳에 항상 실행 코드를 입력한다.
    // 현재 시간과 이전 깜박이는 시간차가 설정 간격보다 크면 이전 시간 저장
```

```
unsigned long currentMillis = millis();
if(currentMillis - previousMillis > interval) {
  previousMillis = currentMillis;      // LED 이전 시간
                                       // 저장


  if (ledState == LOW)                 // LED는 상태가 서로
                                       // 반대로 켜거나 끔

    ledState = HIGH;
  else
    ledState = LOW;
  digitalWrite(ledPin, ledState);    // 변수의 LED 값으로
                                     // 설정

}
}
```

위의 스케치를 입력 한 후 아두이노에서 컴파일 버튼을 누르고 오류가 없으면 업로드 버튼을 누른다. 주의 할 것은 업로드 하기 전에 USB 케이블이 연결되어 있어야 한다.

그림 5-7 컴파일 및 업로드 버튼

코드에 사용된 명령어

- setup()
- loop()
- millis()

명령어를 자세히 살펴보면

- setup()

이 명령은 이곳에서 스케치가 시작되는 것을 의미한다. 변수를 설정하고 핀 모드, 라이브러리 등을 설정한다. 전원이 켜지고 아두이노가 재 시작될 때 한 번 실행된다.

- loop()

setup() 다음에 만들고 초기 값을 설정하고 아두이노 보드를 제어하기 위한 명령어들을 입력한다. 계속 반복한다.

- millis()

아두이노 보드가 시작되고 현재 프로그램이 시작된 후의 밀리초의 숫자를 반환한다. 1000이면 1초 100이면 0.1초이다.

실습 확인하기

USB 케이블이 연결되면 아두이노의 LED가 깜박이게 된다. delay()를 사용 하지 않고도 LED 깜박이는 간격을 줄 수 있다.

Q. 스위치는 디지털 입력이다.(O • X)

A. 맞음(O)

Q. 스위치를 바로 핀에 연결하면 어떤 문제가 발생할까?

A. 스위치가 떨어져 있는 상태가 0인지 1인지 명확하지 않다.

Q. 스위치 회로를 만들 때 저항을 5V(VSS)와 연결하는 경우를 무엇이라고 하는가?

A. 풀업 저항 스위치 회로

실전예제

• 2개의 스위치와 1개의 LED로 AND 회로를 구성해 보자.

재미삼아 Arduino

3부

아날로그 출력과 입력

소리 만들기
-피에조 스피커

우리는 일상에서 신호음을 자주 들을 수 있다. 세탁이 종료된 다음 세탁기에서 "띤 띠 딘 띠 딘", 전자레인지에서 음식이 데워진 후 "삐"하는 신호음을 들을 수 있고, 전기밥솥에서 밥이 다 되었을 경우에도 신호음을 들을 수 있다. 은행의 현금 인출기에서도 카드나 현금을 잊지 말 것을 확인하는 신호음이 난다. 신호음은 우리의 주의를 끌어서 중요한 것을 확인시키는데 정말 필요한 요소이다.

○ 피에조 스피커 (Piezo Speaker)

아두이노는 프로그램을 이용하여 HIGH/LOW 신호를 전달할 수 있다. HIGH/LOW 신호의 비율을 주파수(Frequency)라 하고 신호음의 음 또는 음높이를 결정한다. HIGH/LOW 신호로 음을 반복하는데 이 주기를 헤르츠(Hertz)라고 한다. 헤르츠는 초당 반복 횟수를 이야기 하는데 Hz로 표시한다. 2kHz라고 하면 초당 2000번 반복한다는 의미이다.

피에조 스피커(Piezoelectric speaker)는 크기가 작고 저렴하며 간단하게 신호를 전달할 수 있는 스피커이다.

[그림 6-1]은 피에조 스피커 내부 부속품을 분해한 것이다. 흰색 디스크

모양이 피에조(piezo)이다. 피에조 스피커는 소리를 내는 스피커로 사용되지만 간단한 센서의 역할도 할 수 있다.

피에조 필름에 진동이나 힘을 가하면 힘에 비례하여 전압이 발생하여 압전 센서 역할을 하고 반대로 필름에 전압을 넣을 경우 기계에서 소리가 난다.

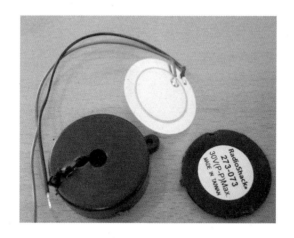

그림 6-1 피에조 스피커를 분해한 내부 부속품

◎ 간단한 소리 만들기

이 장에서는 피에조스피커를 이용해 소리를 내본다.

준비물

아두이노 보드, 피에조 스피커, 점퍼선

위의 부품들을 이용하여 [그림 6-2]의 회로를 만들어 보자.

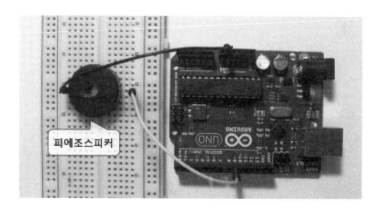

그림 6-2 피에조 스피커에 "삐" 소리 만들기 배선도

[그림 6-2]의 회로를 회로도로 표현하면 [그림 6-3]과 같다. 이 실습 예제에서는 9번 핀에 +를 연결하고 −는 GND에 연결한다.

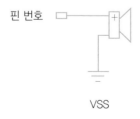

핀 번호

VSS

그림 6-3 피에조 스피커 회로도

회로를 확인한 후, 다음 스케치를 아두이노에 입력한다. 이 예제는 간단한 소리를 내는 프로그램이므로 직접 입력해 보자.

소리 스케치

```
// 예제 : 피에조 스피커로 소리내기
int speakerPin = 9;          // 스피커에 연결되는 핀 번호
void setup() {
}
void loop() // 한 가지 음을 내고 간격을 주는 실습
{
  tone(speakerPin, 5000, 1000);     // 5000Hz의 음을
                                    // 1초 동안 내기
  delay(2000);                      // 2초간 쉬기
}
```

위의 스케치를 입력 한 후 아두이노에서 컴파일 버튼을 누르고 오류가 없으면 업로드 버튼을 누른다. 주의 할 것은 업로드 하기 전에 USB 케이블이 연결되어 있어야 한다.

그림 6-4 컴파일 및 업로드 툴바

위의 코드에 사용된 새로운 명령어는 다음과 같다.

- `tone()`

피에조 스피커에 특정 주파수(frequency)를 발생시킨다. 두 가지 방법을 사용할 수 있다.

예) tone(9, 2000)

tone(pin, frequency) : 특정 주파수로 소리를 낸다.

예) tone(9, 2000, 3000)

tone(pin, frequency, duration) : 특정 주파수를 일정시간 지속시킨다.

pin은 핀번호

frequency : 주파수는 Hz(헤르츠)로 나타낸다. - unsigned int

duration : 1초를 1000 으로 표시한다. -unsigned long

실습 확인하기

회로를 완성하고 프로그램을 다운로드 받은 후 작성한 명령이 수행되는지 확인한다. USB 케이블이 연결되어 있으면 소리가 난다. "삐" 하는 소리가 나고 잠시 멈추었다가 다시 소리가 반복된다.

duration을 1000을 줄 경우 소리의 여운이 남아서 delay()로 간격을 준 것이 구별이 잘 되지 않으므로 duration에 2000을 입력하여 실습을 확인해 본다.

멜로디 만들기

준비물

앞의 예제에서 하드웨어의 핀 번호를 8번으로 수정한다.

회로 입력

다음 스케치를 입력하거나 아두이노에서 샘플 예제를 연다.

• 스케치 예제: 파일〉예제〉02.Digital〉toneMelody

```
// 예제 : 멜로디 만들기
#include "pitches.h"   // 헤더파일 (계명을 정의해 둔)을 불러온다.
int melody[] = {       // 멜로디의 계명
NOTE_C4, NOTE_G3,NOTE_G3, NOTE_A3, NOTE_G3,0,
NOTE_B3, NOTE_C4};
// 음표 길이 4 = 4분음표(한 박자), 8 = 8분 음표 (반 박자)
int noteDurations[] = { 4, 8, 8, 4, 4, 4, 4, 4 };
void setup() {
  for (int thisNote = 0; thisNote < 8; thisNote++) {
     // 멜로디의 음표 반복
    int noteDuration = 1000/noteDurations[thisNote];
    tone(8, melody[thisNote],noteDuration);
     // 음을 구별하기 위해 그 사이에 최소한의 간격을 둔다.
    int pauseBetweenNotes = noteDuration * 1.30;
    delay(pauseBetweenNotes);
    noTone(8);        // 멜로디 멈춤
  }
}
void loop() {
  // 멜로디를 반복하지 않으므로 비워둔다.
}
```

위의 스케치를 입력 한 후 아두이노에서 컴파일 버튼을 누르고 오류가 없으면 업로드 버튼을 누른다. 주의 할 것은 업로드 하기 전에 USB 케이블이 연결되어 있어야 한다.

그림 6-5 컴파일 및 업로드 툴바

코드에 사용된 새로운 명령어

- #include "pitches.h"
- Array()
- for()

새로운 명령어를 자세히 살펴보면

- #include "pitches.h"

프로그램의 맨 처음에 #include "pitches.h"가 있다. 이것은 이미 작성된 헤더 파일이다. pitches.h는 아두이노에서 탭을 누르면 나타난다. pitches.h는 실습에 사용되는 음표들에 대해 미리 정의해 둔 파일이다.

음표는 [C, D, E, F, G, A, B, C]로 표시하는데 우리말로 [도, 레 미, 파, 솔, 라, 시, 도]에 해당한다.

그림 6-6 peach.h 파일 내용

- Array(). : 배열

array()는 지정된 숫자들의 모임이다. 예를 들어 int noteDurations[] = {4, 8, 8, 4, 4, 4, 4, 4};로 표시하는데 int noteDurations[]의 배열은 {4, 8, 8, 4, 4, 4, 4, 4}라는 숫자를 포함한다. 여기에서는 4분음표, 8분 음표를 나타내고 있다. 배열은 다음과 같이 나타낼 수도 있다.

int myPins[] = {2, 4, 8, 3, 6};

int mySensVals[6] = {2, 4, −8, 3, 2};

char message[6] = "hello"; // char 는 문자를 표시하는 변수이다.

• for(조건문)

for() 다음에 나오는 중괄호 { }안의 내용을 조건에 명시된 만큼 코드 블록을 반복한다. loop와 같은 의미로 사용된다. 사용방법은 다음과 같다.

```
for (initialization; condition; increment){
                // 내용;
}
initialization; // 초기 값
condition;      // 값을 확인
increment       // 증가
```

예를 들어 다음과 같은 프로그램이 있으면 i = 0부터 9까지 출력하는 결과가 된다.

```
for(int i=0; i < 10; i++){
    Serial.print(i);
}
```

실습 확인하기

회로를 완성하고 프로그램을 다운로드 받은 후 작성한 명령이 수행되는지 확인해 본다. 피에조 스피커에서 "딴따라 단단 딴딴"이라는 멜로디가 흘러나오면 실습이 완성된 것이다.

참고 ···

pitches.h 다운 사이트: http://www.arduino.cc/en/Tutorial/Tone

```
#define NOTE_B0 31
#define NOTE_C1 33
#define NOTE_CS1 35
#define NOTE_D1 37
#define NOTE_DS1 39
#define NOTE_E1 41
#define NOTE_F1 44
#define NOTE_FS1 46
#define NOTE_G1 49
#define NOTE_GS1 52
#define NOTE_A1 55
#define NOTE_AS1 58
#define NOTE_B1 62
#define NOTE_C2 65
#define NOTE_CS2 69
#define NOTE_D2 73
#define NOTE_DS2 78
#define NOTE_E2 82
#define NOTE_F2 87
#define NOTE_FS2 93
#define NOTE_G2 98
#define NOTE_GS2 104
#define NOTE_A2 110
#define NOTE_AS2 117
#define NOTE_B2 123
#define NOTE_C3 131
#define NOTE_CS3 139
#define NOTE_D3 147
#define NOTE_DS3 156
#define NOTE_E3 165

#define NOTE_F3 175
#define NOTE_FS3 185
#define NOTE_G3 196
#define NOTE_GS3 208
#define NOTE_A3 220
#define NOTE_AS3 233
#define NOTE_B3 247
#define NOTE_C4 262
#define NOTE_CS4 277
#define NOTE_D4 294
#define NOTE_DS4 311
#define NOTE_E4 330
#define NOTE_F4 349
#define NOTE_FS4 370
#define NOTE_G4 392
#define NOTE_GS4 415
#define NOTE_A4 440
#define NOTE_AS4 466
#define NOTE_B4 494
#define NOTE_C5 523
#define NOTE_CS5 554
#define NOTE_D5 587
#define NOTE_DS5 622
#define NOTE_E5 659
#define NOTE_F5 698
#define NOTE_FS5 740
#define NOTE_G5 784
#define NOTE_GS5 831
#define NOTE_A5 880
#define NOTE_AS5 932

#define NOTE_B5 988
#define NOTE_C6 1047
#define NOTE_CS6 1109
#define NOTE_D6 1175
#define NOTE_DS6 1245
#define NOTE_E6 1319
#define NOTE_F6 1397
#define NOTE_FS6 1480
#define NOTE_G6 1568
#define NOTE_GS6 1661
#define NOTE_A6 1760
#define NOTE_AS6 1865
#define NOTE_B6 1976
#define NOTE_C7 2093
#define NOTE_CS7 2217
#define NOTE_D7 2349
#define NOTE_DS7 2489
#define NOTE_E7 2637
#define NOTE_F7 2794
#define NOTE_FS7 2960
#define NOTE_G7 3136
#define NOTE_GS7 3322
#define NOTE_A7 3520
#define NOTE_AS7 3729
#define NOTE_B7 3951
#define NOTE_C8 4186
#define NOTE_CS8 4435
#define NOTE_D8 4699
#define NOTE_DS8 4978
```

Q. 피에조 스피커란 무엇인가?

A. 피에조 효과로 소리를 내는 전자 장치

Q. tone() 함수는 어떤 기능의 함수인가?

A. 피에조 스피커에 원하는 주파수와 원하는 길이의 소리를 낼 때 사용하는 함수이다.

실전예제

스위치를 누르면 점차 높은 소리를 단계별로 내도록 해보자.

펄스 폭 변조(PWM)로 아날로그 출력하기

LED 밝기를 조금씩 조절하여 점점 어두워지고 밝아지도록 하는 페이딩(fading) 예제는 아날로그 출력방식으로 구현할 수 있다. 또한 디지털 출력을 조절해서도 동일한 효과를 만들 수 있다. PWM(Pulse Width Modulation)이라 부르는 펄스 폭 변조는 디지털을 활용하여 아날로그 값을 만드는 기술이다. 펄스는 전압 또는 전류가 일정한 주기로 반복하는 것을 말한다.

디지털 제어는 켜짐(HIGH)과 꺼짐(LOW)을 이용한 구형파(또는 사각파)를 사용한다. 디지털 신호인 구형파의 전압 5V(켜짐)와 0V(꺼짐)의 반복에서 펄스폭을 조절하여 아날로그 효과를 LED 밝기 변화에 적용할 수 있다.

그림 7-1 2.5V 출력 펄스의 예

구형파 주기의 켜짐(HIGH)상태 시간을 펄스의 폭이라고 하고, 아날로그 효과를 나타내기 위해서 펄스의 폭을 바꾼다. LED출력에서 구형파가 매우 빠르게 켜짐 – 꺼짐 패턴을 반복하면(구형파의 동작 주파수가 높다) 마치 0~5V사이의 어떤 값으로 밝기가 조절되는 것처럼 보인다.

아두이노는 하드웨어로 PWM을 지원한다. PWM 주파수는 약 500Hz이며, 2밀리(2ms)초마다 바뀐다. analogWrite()는 0 ~ 255값을 출력할 수 있다. 예로 analogWrite(255)는 항상 켜지므로 100% 듀티사이클(duty cycle)이 되고, analogWrite(127)은 50% 듀티사이클이 되고 50%가 켜진다.

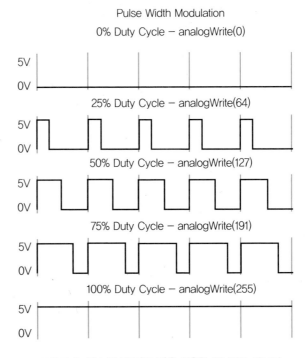

그림 7-2 펄스 폭 변조(PWM)을 이용한 아날로그 만들기

밝기 조절(Fading) 예제를 실행하면 LED가 점점 밝아졌다 어두워졌다를 반복한다. 내부적으로는 펄스의 폭을 변경시켜 작동한다. 아두이노 디지털 입출

력 핀 중에 번호 앞에 물결표시(~)가 있는 경우(~3, ~5, ~6, ~9, ~10, ~11핀)만 하드웨어로 PWM을 출력시킬 수 있다. 이 핀을 출력으로 설정하면 아날로그 출력을 보낼 수 있다.

◉ 밝기조절(Fading) 프로그램

아날로그 출력의 예로서 LED 밝기 조절을 켜짐과 꺼짐의 폭을 조절하는 PWM(Pulse Width Modulation) (PWM))을 이용해서 실습해 보자. PWM은 켜짐과 꺼짐을 매우 빠르게 하면서 그 폭을 조절하는 디지털 신호처리 방식으로 아날로그 출력을 시뮬레이션 한다. 이 예제는 파일〉예제〉03.Analog〉Fading 메뉴에 있다.

회로

LED를 9번 핀에 220Ω 저항과 직렬로 연결한다.

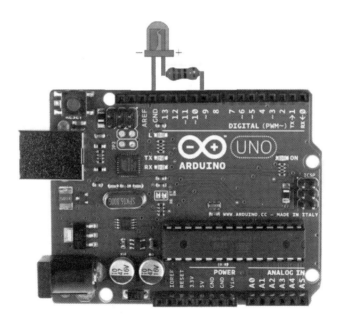

그림 7-3 9번 핀에 LED와 저항을 부착

도식

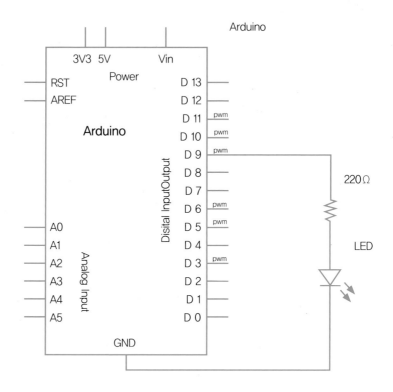

그림 7-4 아날로그 출력을 테스트하기 위한 LED 회로의 스케메틱

소스 스케치

```
// LED를 9번 핀과 GND에 연결
// http://arduino.cc/en/Tutorial/Fading

int ledPin = 9;      // 9번 핀에 LED 부착
void setup()  {
}
void loop()  {
   // 값을 5씩 증가시켜 점점 밝아짐
   for(int fadeValue=0;fadeValue<=255;fadeValue +=5)
   {
```

```
    analogWrite(ledPin, fadeValue); // 값의 범위는 0~255
    delay(30);   // 30밀리초를 기다려 흐릿한 효과를 줌
  }
  // 값을 5씩 감소시켜 점점 어두워짐
  for(int fadeValue=255;fadeValue>=0;fadeValue-=5)
  {
    analogWrite(ledPin, fadeValue); // 값의 범위는 0~255
    delay(30);   // 30밀리초를 기다려 흐릿한 효과를 줌
  }
}
```

묻고 답하기

Q PWM 이란?

A 펄스의 폭을 변경시켜 아날로그 값을 시뮬레이션 한다.

Q 디지털 입출력 핀은 모두 아날로그 출력 명령인 analogWrite(val);로 출력할 수 있다. (O · X)

A X, 번호 앞에 물결 표시가 있는 경우만 아날로그 출력이 가능함

실전예제

PWM으로 서보 모터를 제어해 보자.

광센서로
어둠을 감지하자

Chapter 08

아두이노는 버튼과 같은 디지털 입력신호 뿐만 아니라 아날로그 입력신호를 간단히 처리할 수 있다. digitalRead() 함수를 사용하여 디지털 입력에 따라 HIGH/LOW 방식의 LED 출력을 표시하는 것은 꽤 재미있는 실습이었다. 지금부터는 '1'과 '0'의 두 가지 신호만을 표시하는 디지털 입력신호와 다르게 다양한 크기의 아날로그 입력신호를 처리하는 방법에 대하여 배워보자.

아날로그의 디지털 변환

아날로그는 단지 두 개의 상태(HIGH/LOW)가 아닌 다양한 상태를 표현할 수 있다. 아날로그 신호를 디지털로 변환하는 것을 ADC(Analog to Digital Converter) 라고 하며, 일반적인 분해능(bins)은 아날로그-디지털(A/D)변환기 성능에 따라 다르게 표현된다. 8비트 디지털신호로 변환하는 경우 256 상태, 10비트 디지털신호인 경우 1024 상태, 16비트 디지털신호인 경우 65,536 상태, 32비트 디지털신호로 변환하는 경우 4,294,967,296 상태까지 구분하여 표현할 수 있다. 아두이노 보드에 적용된 ATmega328 마이컴은 6개의 아날로그 입력을 가지고 있으며, 0 ~ 5 V 사이의 전압을 읽어 0 ~ 1023까지의 값(1024 상태, 10비트 분해능)을 갖는다. 따라서 0 ~ 5V전압 범위의 아날로그 신호를 구분할 수 있는 최소 전압은 5/1024 = 4.8 mV 전압이며, 4.8mV 전압 크기마다 디지털신호의 서로 다른 상태로 표시할 수 있다. [그림 8-1]에서 아날로그 신호와 디지털 신호를 비교하였다.

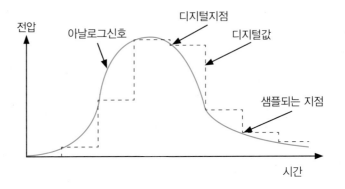

그림 8-1 아날로그 신호와 디지털 신호의 비교

◎ 밝기 정도를 어떻게 알 수 있을까?

광센서(photoresistor)는 밝기에 따라 저항 값이 변한다. 밝아지면 저항이 작아지고, 어두워지면 저항이 커진다. 빛의 양에 따라 변화하는 저항크기 변화를 이용하여 어두워지면 자동으로 등을 켜는 응용에 적용할 수 있다.

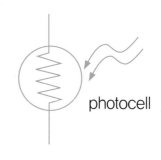

그림 8-2 광센서   그림 8-3 광센서 기호

아날로그 입력신호를 전기적으로 발생시키기 위한 광센서(광도전셀 또는 광감지센서)의 모양은 [그림 8-2]와 같다. 광센서는 빛의 양에 따라 저항의 크기가 수 MΩ에서 수 KΩ사이로 변화하는 특성을 가지며, 광센서는 저항처럼 +와 −에 대한 극성이 없는 무극성 소자이므로 회로를 구성할 때 방향을 고려할 필요가 없다.

◎ 외부 빛의 양에 따라 LED램프 깜박이기

광센서를 아래 회로도와 같이 구성하면 간단한 전자회로가 되며, 이때 아래 회로의 출력단자를 아두이노의 A0 핀에 연결한다. GND와 5V를 아두이노의 GND와 5V에 연결한다.

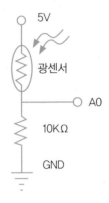

그림 8-4 광센서 회로

A0 단자에서 측정되는 전압은 다음 식으로 표현될 수 있다.

$$A0\,단자\,전압 = \frac{10K\Omega}{광센서\,저항 + 10K\Omega} \times 5\,V$$

[그림 8-4]의 회로도는 광센서의 저항 크기가 외부 빛의 양에 따라 변하면, 위 식의 저항 비율에 따른 분배전압이 A0전압으로 표현되도록 하기 위한 것이다. 이때 $10K\Omega$저항의 용도는 빛이 너무 밝아 광센서의 저항이 0이 되어도 과도한 전류가 흐르지 않도록 하기 위한 것이다. 그리고 외부 빛의 양에 따라 A0의 전압이 선형적으로 변화하는 특성을 나타내며 0 ~ 5V까지 선형적으로 변화하는 아날로그 신호를 아두이노 A0단자 아날로그 입력신호로 사용할 수 있다. 아날로그신호를 디지털신호로 변환하는 함수 관계를 아래 [그림 8-5]로 나타내었으며, 아날로그신호를 디지털신호로 변환하는 관계는 analogRead()함수를 사

용하여 구현할 수 있다. 따라서 analogRead()함수의 반환 값을 외부 출력으로 연결하면 A0전압의 크기가 변화하는 비율과 동일하게 LED를 깜박이게 할 수 있다. 즉, A0핀에 2.5V의 전압이 공급된다면, analogRead()함수를 통하여 512의 값을 반환하고 LED를 동작시킬 수 있다는 의미이다.

그림 8-5 아날로그신호를 디지털신호로 변환하는 블록도

[그림 8-4]의 전자회로의 A0단자를 아두이노 보드의 아날로그 입력신호로 사용하기 위하여 점퍼선을 이용하여 [그림 8-6]과 같이 아두이노 보드 A0핀에 연결한다.

광센서와 $10K\Omega$저항을 회로도와 같이 보드에 설치하고 아두이노 보드와 연결해 보자.

그림 8-6 빛의 밝기를 읽는 아날로그 입력 회로

회로도 구성을 완료하였다면 아두이노 보드와 작업용 컴퓨터를 USB로 연결하고, 다음 작업을 순서대로 실시하여 아두이노 Example 예제를 실행시켜

보자. 그러면 아래 프로그램이 새로운 창으로 나타난다. 소스코드 스케치는 메뉴의 파일〉예제〉03.Analog〉AnalogInput에 있다.

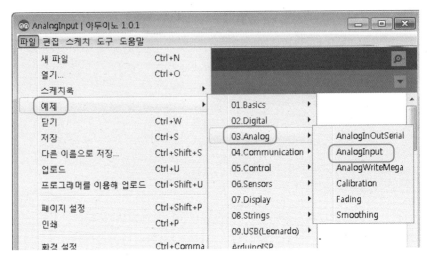

그림 8-7 예제의 AnalogInput 열기

```
int sensorPin = A0;    // 가변저항기 입력핀 선택
int ledPin = 13;       // LED 핀 선택
int sensorValue = 0;   // 센서에서 나오는 값을
   // 저장하기위한 변수

void setup() {
  //ledPin을 OUTPUT 으로
  pinMode(ledPin, OUTPUT);
}

void loop() {
  // 센서에서 값을 읽음
  sensorValue = analogRead(sensorPin);
  // ledPin을 켬
  digitalWrite(ledPin, HIGH);
  <sensorValue> 밀리초 동안 프로그램 중지
```

```
// milliseconds
  delay(sensorValue);
  ledPin을 끔
  digitalWrite(ledPin, LOW);
  <sensorValue> 밀리초 동안 프로그램 중지
  delay(sensorValue);
}
```

위 소스코드를 변경하지 않고 컴파일 버튼을 누른 후 "스케치 컴파일"이라는 메시지와 함께 몇 초간 기다린다.

그림 8-8 스케치를 컴파일 하기

현재 작업창 아래에 다음 메시지가 나타나면 작업이 성공한 것이다. 만약 붉은 색으로 다른 메시지가 나타나면 정상적인 컴파일이 실행되지 않았다는 것을 나타낸다.

그림 8-9 오류 없이 컴파일 될 때 메시지 창

재미있는 Arduino

다음 단계로 프로그램 작업창의 업로드 버튼을 눌러서 컴퓨터에서 아두이노 보드로 컴파일된 프로그램을 업로드 한다.

그림 8-10 실행코드를 아두이노 보드로 업로드하기

업로드 후 프로그램 작업창 아래에 다음 메시지가 출력되면 성공적으로 수행된 것이다. 그러면 [그림 8-12]와 같이 아두이노 보드에서 LED램프가 빛의 양에 따라 다르게 깜박이는 것을 볼 수 있다.

그림 8-11 성공적으로 업로드 완료된 화면

그림 8-12 보드의 13번 핀이 광센서에 따라 밝기가 변함

요약정리

- 광센서는 빛의 밝기를 저항의 크기로 바꾼다.
- analogRead() 함수는 아날로그 입력 값을 0~1023까지의 디지털 값으로 변환한다.
- 아두이노 보드에는 6개의 1024 비트용 A/D 변환기가 달린 아날로그 입력이 있다.
- 10K 저항과 광센서로 아날로그 입력 회로를 만들 수 있다.

Q 위 회로의 광센서에 빛이 전혀 들어가지 않도록 막으면 아두이노 보드의 출력표시 다이오드는 어떤 동작을 할까?

A LED가 매우 약하거나 꺼진다.

Q 광센서에 추가적인 빛을 더 공급하면 다이오드의 동작은 어떻게 변화할까?

A 밝아진다.

Q 광센서와 10KΩ저항의 위치를 바꾼 다음 동일한 실험을 해보고 그 결과를 토의해 보자.

A 빛이 밝아지면 LED가 어두워지고, 빛이 약하면 LED가 밝아진다.

실전예제

가로등이 해가 져서 어두워질 때 자동으로 켜지고 날이 밝아지면 꺼지는 시스템을 구현해보자.

가변저항기

Chapter 9

◎ 가변 저항을 이용한 전위차계

아날로그 입력으로 전위차계(potentiometer)를 사용하고, 아날로그 출력으로 LED를 사용해 보자. 전위차계의 상세한 구조는 [그림 9-1], [그림 9-2]에 나타냈다. A단자와 B단자 사이의 저항크기는 고정된 값을 나타내지만, A-W 단자 또는 B-W단자 사이의 저항 값은 회전기의 위치에 따라 변화하는 구조이며 이를 전위차계라고 부른다. 좀 더 자세히 설명하면 전체저항(A-B단자)은 항상 A-W단자와 B-W단자 저항 값의 합으로 나타난다.

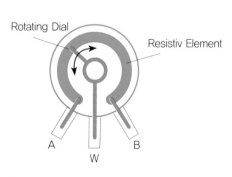

그림 9-1 전위차계   9-2 전위차계의 원리

107

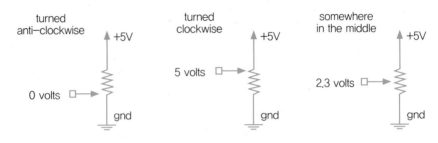

손잡이의 위치에 따라 출력되는 전압은 [그림 9-3]처럼 다르다.

그림 9-3 손잡이 돌리는 위치에 따른 전압의 변화

전위차계로 LED램프 깜박이기

아날로그 값을 디지털로 읽기

[그림 9-4]와 같이 전위차계를 이용하는 회로를 구성하자. 가운데 신호선을 아날로그 입력으로 왼쪽은 VSS, 오른 쪽을 5V에 연결한다.

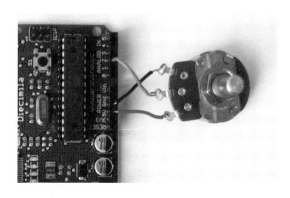

그림 9-4 전위차계를 이용한 전위차계의 결선도

전위차계를 아날로그 입력으로 연결하였다면, 외부 LED 디지털 출력을 위하여 LED의 양극을 13번 핀에 연결하고 음극을 접지(GND)에 연결해 보자. 그리고 아두이노 보드와 작업용 컴퓨터를 USB선으로 연결하고, 아두이노 프로그램 스케치 창에 다음 내용을 입력해 보자.

그림 9-5 전위차계

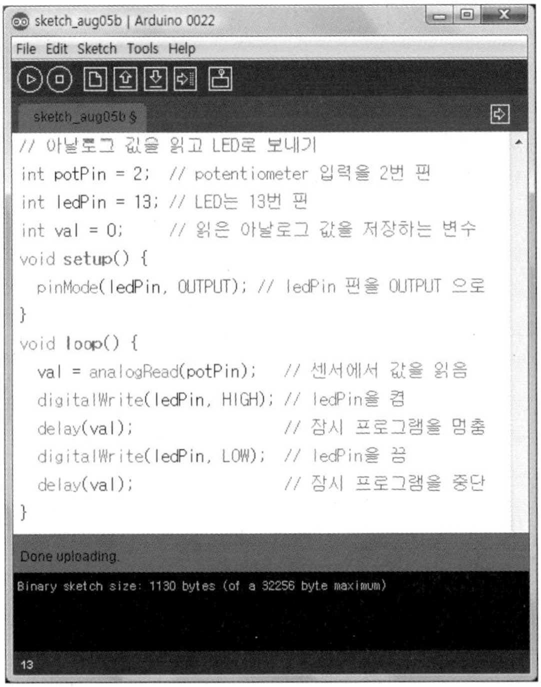

그림 9-6 성공적으로 업로드 완료된 화면

```
// 아날로그 값을 읽고 LED로 보내기
int potPin = 2;      // potentiometer 입력을 2번 핀
int ledPin = 13;     // LED는 13번 핀
int val = 0;         // 읽은 아날로그 값을 저장하는 변수
void setup() {
  pinMode(ledPin, OUTPUT);  // ledPin 핀을 OUTPUT 으로
}
void loop() {
  val = analogRead(potPin);     // 센서에서 값을 읽음
  digitalWrite(ledPin, HIGH);   // ledPin을 켬
  delay(val);                   // 잠시 프로그램을 멈춤
  digitalWrite(ledPin, LOW);    // ledPin을 끔
  delay(val);                   // 잠시 프로그램을 중단
}
```

프로그램 입력을 마쳤다면 컴파일 버튼을 눌러 컴파일을 실시하고, 다음으로 아두이노 보드에 컴파일 된 결과를 업로드하자. 이와 같은 과정이 정상적으로 이루어졌다면 [그림 9-5]처럼 외부 LED램프가 깜박일 것이다.

묻고 답하기

입력신호로 사용하고 있는 전위차계의 놉을 회전하면서 외부 LED램프의 불빛이 깜박이는 변화를 관찰해보자. 어떤 변화가 느껴지는가?

A 회전에 따라 깜박임의 속도가 달라짐

∗ 아날로그 값으로 LED 켜기

이상의 간단한 실습 과정은 아날로그 신호를 디지털 신호로 변환하는 예제이다. 지금부터 출력신호도 아날로그 신호의 형태로 LED램프에서 표현되는 과정을 시도해 보자.

먼저 LED램프의 아날로그 출력을 위하여 LED램프의 양극(+극)을 13번 핀에서 9번 핀으로 옮겨 연결한다. (참고로 아두이노 보드의 아날로그 출력단자로는 ~표시가 되어 있는 ~11, ~10, ~9, ~6, ~5, ~3번 핀들 중에서 선택하여 사용할 수 있다.)

다음 단계로 먼저 사용했던 프로그램 내용을 다음과 같이 일부 수정한다.

```
int ledPin = 9;      // LED를 9번 핀으로 연결
void setup() {
  pinMode(ledPin, OUTPUT);  // ledPin 핀을 OUTPUT 으로
}
void loop() {
  val = analogRead(potPin);  // 아날로그 값 읽어 디지털화
  analogWrite(ledPin, val/4);  // 디지털 값을 아날로그로 출력
  delay(10);                   // 잠시 기다림
}
```

아두이노 프로그램에서 사용하는 analogRead()함수는 0~1023 크기의 값을 반환하는 것에 반해, analogWrite()함수는 0~255까지의 값을 사용할 수 있도록 설계되어있다. 따라서 모든 값의 범위에 대하여 동일한 비율로 입력/출력 신호 변환하기 위하여 val을 4로 나눈 "val/4"의 표현을 적용하였다.

프로그램을 수정하는 입력 작업을 마쳤다면 컴파일 버튼을 눌러 컴파일을 실시하고, 아두이노 보드에 컴파일 된 결과를 업로드하자. 이와 같은 과정이 정상적으로 이루어졌다면 설치된 외부 LED램프가 동작한다.

묻고 답하기

입력신호로 사용하고 있는 전위차계의 회전기를 돌리면 외부 LED램프의 불빛 변화가 느껴지는지 관찰해보자. 어떤 변화가 느껴지는가?

A 회전의 위치에 따라 밝기가 달라짐

전위차계의 회전기를 돌려하여 LED램프의 밝기를 조절할 수 있는가? 그렇다면 왜 그렇게 되는지 설명할 수 있는가?

A 전위차계 저항의 크기를 변화시켜 전압을 조절한다.

온도계

arduino

Chapter 10

아날로그 입력신호로 외부 LED램프 깜박이기

아날로그 입력으로 온도센서(서미스터)를 사용하고, 아날로그 출력으로 외부 LED를 추가로 사용하여 깜박이도록 구성해 보자. 온도계로 사용할 서미스터는 외부 환경온도의 변화에 따라 저항 값이 변하는 소자이다. 서미스터 저항값의 변화는 비선형적으로 변화하므로 저항 값 만으로 온도를 읽어내거나 활용하기 곤란하고, 출력신호를 LED램프의 밝기 변화로 나타내기에도 곤란한 측면이 있다. 여기서는 출력신호로써 시리얼출력 터미널을 이용하여 온도변화를 관찰하였다.

그림 10-1 온도 센서 (저항형)

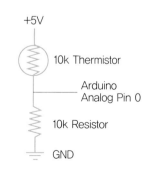

그림 10-2 온도센서 동작 회로도

113

A0(아날로그 핀0) 단자에서의 전압은 다음 식으로 표현될 수 있다.

$$A0\ \text{핀의 전압} = \frac{10K\Omega}{\text{서미스터저항} + 10K\Omega} \times 5V$$

[그림 10-2]의 회로도는 온도센서의 저항 크기가 외부 온도 변화에 따라 변하게 되면, 위 식의 저항 비율에 따른 분배전압이 A0전압으로 표현되도록 하기 위한 것이다. 이때 $10K\Omega$저항의 용도는 온도센서의 저항이 거의 0이 되어도 과도한 전류가 흐르지 않도록 하기 위한 것이다. 그리고 외부 온도 변화에 따라 A0단자전압이 선형적으로 변화하는 특성을 나타내며, 0~5V까지 선형적으로 변화하는 아날로그 신호를 A0단자 입력신호로 사용할 수 있다.

그림 10-3 온도 측정 회로

위 [그림10-2] 회로도의 출력 단자(A0)를 아두이노 보드의 아날로그 입력 단자로 사용하기 위하여 점퍼선을 이용하여 아두이노 보드 A0단자에 연결한다. 서미스터와 $10K\Omega$저항을 [그림 10-3]과 같이 연결하자. 설치된 모습을 [그림 10-4]에 나타내었다.

그림 10-4 온도센서가 아두이노에 설치된 화면

회로도 구성이 완성되면 아두이노 보드와 작업용 컴퓨터를 USB선으로 연결하고, 아두이노 프로그램 스케치 창에 다음 프로그램을 입력해 보자.

```
#include <math.h>
void setup(void) {
  Serial.begin(9600);
}
double Thermister(int RawADC) {
  double Temp;
  Temp = log(((10240000/RawADC) - 10000));
  Temp = 1 / (0.001129148 + (0.000234125 * Temp) +
          (0.0000000876741 * Temp * Temp * Temp));
  Temp = Temp - 273.15;          // Kelvin 온도를
                                 // 섭씨로 변환
  return Temp;
}
void printTemp(void) {
  double fTemp;
  double temp = Thermister( analogRead(0) );
```

```
// 센서 값 읽기
Serial.println("Temperature is:");
Serial.println(temp);
Serial.println(" C / ");
fTemp = (temp * 1.8) + 32.0;    // Convert to USA
Serial.println(fTemp);
Serial.println(" F");
if (fTemp > 68 && fTemp < 78) {
  Serial.println("일상의 온도입니다.");
  }
}
void loop(void) {
  printTemp();
  delay(1000);
}
```

위 소스코드를 변경하지 않고 컴파일 버튼을 누른 후 "스케치 컴파일" 이라는 메시지와 함께 몇 초간 기다린다.

그림 10-5 스케치를 컴파일 하기

그리고 현재 작업창 아래에 다음 메시지가 나타나면 작업이 성공한 것이다. 만약 붉은 색으로 다른 메시지가 나타나면 오류가 발생한 경우이다.

그림 10-6 오류 없이 컴파일 될 때 메시지 창

다음 단계로 [그림 10-7]과 같이 프로그램 작업창의 업로드 버튼을 눌러서
컴퓨터에서 아두이노 보드로 컴파일 프로그램을 업로드 한다.

그림 10-7 실행코드를 아두이노 보드로 업로드하기

업로드 후 프로그램 작업창 아래에 다음 메시지가 출력되면 성공적으로 수
행된 것이다.

그림 10-8 성공적으로 업로드 완료된 화면

업로드가 성공했다면 아래 [그림 10-9]의 작업창에서 시리얼 모니터 툴바를 눌러 하이퍼 터미널 화면을 활성화한다.

그림 10-9 업로드 후 시리얼 모니터 툴바를 누르기 위한 준비화면

묻고 답하기

Q. 온도센서로부터 입력된(수신된) 신호가 적정한 온도 값으로 모니터 화면에서 표시되고 있는가?

A. 관찰해 보세요.

Q. 온도변화를 감지할 수 있는 서미스터 소자는 일종의 가변저항기라고도 할 수 있다. 그러면 여러분들이 서미스터를 가변저항기로 교체한 후 저항의 크기를 변화시키면 온도변화가 어떻게 변화하는가?

A. 가변저항이 손잡이 위치에 따라 값이 변경됨.

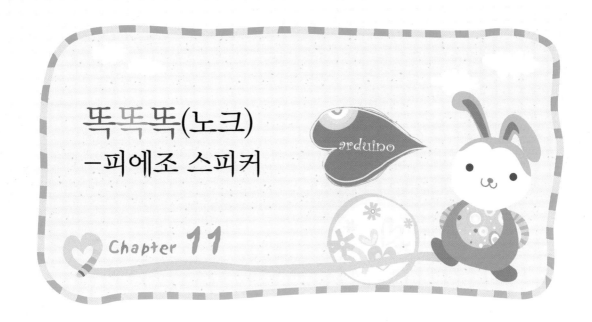

똑똑똑(노크)
-피에조 스피커

arduino

Chapter 11

이 실습은 피에조 스피커를 똑똑 두드리면 LED가 깜박이면서 시리얼 통신 창에 "Knock"가 나타나는 예제이다. 피에조 스피커는 소리를 내는 전자 장치이지만, 회로를 연결하여 손으로 노크하면 전기의 흐름의 차이가 생겨 간단한 마이크 역할도 할 수 있다.

** 스피커 가지고 놀기 : 피에조 스피커를 똑똑 노크하면 인식하기

하드웨어 준비물
아두이노 보드, 피에조스피커, 저항 1MΩ (옴) (갈색, 검정색, 초록색), 브레드 보드, 점퍼 선

위의 부품들을 이용하여 회로를 만들어 보자.

그림 11-1 피에조 센서 연결 회로

아두이노 보드

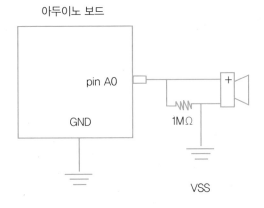

그림 11-2 피에조를 센서로 사용하는 회로도

피에조 스피커의 입력 부분은 아날로그 입력이므로 A0에 연결한다. 회로를 확인한 다음 스케치를 입력한다. 스케치는 파일〉예제〉6.Sensor〉Knock를 열어서 사용할 수 있다.

```
// 노크 센서 만들기
// 파일>예제>06.Sensors>Knock
// 피에조 스피커를 이용하여 "똑똑" 하는 소리를 읽는 프로그램
// 입력은 아날로그 핀에 연결하고 임계 값(threshold)를 설정한다.
// LED 핀은 13번에 연결 한다.

const int ledPin = 13;        // LED 연결 핀 번호 13번
const int knockSensor = A0;   // 아날로그 입력 0번에 연결
const int threshold = 100;    // 소리가 났는지 아닌지 결정하는
                              // 임계 값
   // 100이상이면 소리 남
   // 센서로 부터 읽는 값을 저장하는 변수, 초기 값은 0
int sensorReading = 0;
int ledState = LOW;           // LED의 이전 상태값을 저장하기
                              // 위한 변수

void setup() {
 pinMode(ledPin, OUTPUT);     // Ledpin은 출력으로 설정
 Serial.begin(9600);         // 시리얼 포트를 사용함
}

void loop() {
                          // 센서를 읽고 값을 변수에 저장
   sensorReading = analogRead(knockSensor);
                          // 읽은 센서의 값이 임계 값보다 크면
   if (sensorReading >= threshold) {
      ledState = !ledState;         // LED를 크거나 끔
      digitalWrite(ledPin, ledState);// 새 값을 저장(업데이트)
                  // 컴퓨터에 "Knock!" 문장을 시리얼 통신으로 보냄
      Serial.println("Knock!");
   }
   delay(100);   // 시리얼 포터의 버퍼를 방지하기 위함
}
```

위의 스케치를 입력한 후 아두이노에서 컴파일 버튼을 누르고 오류가 없으면 업로드 버튼을 누른다. 주의할 것은 업로드 하기 전에 USB 케이블이 연결되어 있어야 한다.

업로드가 실행되면 LED가 서너 번 깜박인다. 피에조 스피커를 "똑" 두드리면 LED가 켜지고 시리얼통신 모니터를 클릭하면 시리얼 모니터에 메시지가 나타난다.

그림 11-3 컴파일과 업로드 툴바

그림 11-4 시리얼 모니터 열기 툴바

코드에 사용된 명령어

위의 코드에 사용된 새로운 명령어는 다음과 같다.

- analogRead()
- serial.begin()
- serial.print()

명령어를 자세히 살펴보면

- analogRead(pin)

아날로그 핀으로부터 값을 읽는다. 아두이노 보드에는 아날로그 입력 핀 6개(A0~A5)와 아날로그 출력 핀 6개가 있다. (핀번호 3, 5, 6, 9, 10, 11)

- Serial.begin(speed)

시리얼 데이터를 주고받을 수 있게 준비한다. speed(속도)는 300, 1200, 2400, 4800, 9600, 14400, 19200, 28800, 38400, 57600, 또는 115200 중 하나를 사용한다. 이 실습에서는 시리얼 포트의 속도를 9600비트(bps)를 사용한다.

- Serial.print(val)

데이터를 시리얼 포트로 전송한다.

Serial.print(val)

Serial.print(val, format)

val : 출력값, 일반 텍스트

format : 값의 종류를 표시한다. DEC(10진수), HEX(16진수), OCT(8진수), BIN(2진수)

실습 확인하기

회로를 확인하고 프로그램을 다운로드 받은 후 아두이노에 있는 피에조를 '똑' 두드리면 LED가 켜지고 다시 두드리면 꺼진다. 두드리는 소리의 임계값은 100으로 설정해 두었기 때문에 이 값을 조절하면 크게 두드리거나 작게 두드려도 작동시킬 수 있다.

Q 스피커를 마이크로는 사용할 수 있다. (참 / 거짓)

A 참

Q 스피커를 마이크로 사용할 때 병렬로 저항을 몇 옴 연결해야 하는가?

A 100MΩ

재미삼아 Arduino

아두이노 프로세싱 언어 및 라이브러리

4부

아두이노는 간단한 입출력 보드에 프로세싱 언어에서 사용되는 개발 환경을 합친 오픈 소스의 컴퓨팅 플랫폼이다. 아두이노 프로그램은 3개의 메인 부분으로 나누어진다. 구조(structure), 변수(values-variables and constants), 그리고 함수(functions) 이다.

아두이노에서 지원하는 모든 언어는 C/C++를 기본으로 하고 있으며, 이 책에서는 가장 간단한 표준 언어에 대해서만 살펴본다. 여기 설명에서 빠진 부분은 다음 사이트에서 살펴볼 수 있다.

http://arduino.cc/en/Reference/HomePage

아두이노 스케치의 가장 기본이 되는 구조는 setup()함수와 loop()함수의 두 부분으로 나누어져 있다.

setup()

프로그램의 초기화 부분이다.

loop()

이 함수 내의 명령어들은 보드에서 전원이 나갈 때까지 계속 반복되는 부분이다.

다음으로 아두이노에서 사용되는 기본 명령어들을 살펴보자. 아두이노는 C/C++을 기반으로 만들어져 있으므로 기본적인 명령어들은 이와 동일하다. 그러므로 이 책에서는 설명을 생략하며, 자세한 사항은 C관련 책자를 참조하기 바란다.

제어 구조

[if], [if...else], [for], [switch case], [while], [do... while], [break], [continue], [return], [goto] 등

특수 기호

[;], [{}], [//], [/* */] 등

산술 연산자

[=], [+], [−], [*], [/], [%] 등

비교 연산자

[==], [!=], [<], [>], [<=], [>=] 등

참 혹은 거짓을 의미하는 불린 연산자

[&&], [||], [!] 등

포인터 연산자

[*]와 [&]

비트 연산자

[&], [|], [·], [~], [⟨⟨], [⟩⟩] 등

복합 연산자

[++], [− −], [+=], [−=], [*=], [/=], [&=],[|=] 등

상수 키워드

아두이노에는 특별한 값으로 미리 정의된 상수 키워드들이 포함되어 있다.

HIGH | LOW는 아두이노 핀을 켜거나 끌 때 사용된다. INPUT | OUTPUT 은 특정핀을 입력이나 출력으로 설정하는데 사용한다. true | false는 표현식이 참 혹은 거짓인지를 판정하는데 사용된다.

아두이노에 사용되는 데이터의 형태는 C언어와 마찬가지로 크게 세 가지 종류가 있다. 정수형태(int), 실수형태(float) 그리고 문자형태(char)이다. 그 외에 도 참 혹은 거짓을 나타내는 boolean, 0부터 255 사이의 숫자를 담는 byte, 그리고 아스키 글자의 모음으로 문자로 된 정보를 담는 string 등이 있다. string 은 시리얼 포트를 사용하거나, LCD디스플레이에 메시지를 전달할 때 사용된다. 이와 달리 아두이노는 C언어와 다른 입력과 출력을 처리하는 함수들이 있다.

다음은 아두이노에서 사용되는 입출력 관련 함수이다. 디지털 입력과 출력 에 관계된 함수는 pinMode(), digitalWrite(), digitalRead()가 있다.

pinMode(pin, mode)

디지털 데이터 값을 송수신하기 위하여 핀 번호를 설정하며, 이 핀의 역할 즉 입력 혹은 출력을 설정한다.

예) pinMode(5, INPUT); // 5번 핀을 입력으로 설정

digitalWrite(pin, value)

디지털 핀을 켜거나(HIGH) 끄기(LOW)위해 사용된다. 이 함수를 사용하기 위해 pinMode 함수를 이용하여 미리 핀의 상태를 설정해 놓아야 한다.

예) digitalMode(7, HIGH); // 7번 핀을 켬

int digitalRead(pin)

입력으로 설정된 핀의 상태를 읽는다. 핀에 전압이 인가되어 있으면 HIGH를, 전압이 없으면 LOW를 반환한다.

예) val=digitalMode(5); // 5번 핀을 읽어 val 변수에 저장

아날로그 입력과 출력에 관계된 함수는 analogReference(), analogWrite(), analogRead() 가 있다.

int analogRead(pin)

아날로그 입력 핀에 인가된 전압을 읽어 0부터 1023사이 값으로 변환하여 반환한다.

예) val=analogRead(0); // 아날로그 입력 핀 0번을 읽어 변수 val에 저장

analogWrite(pin, value)

펄스 폭 변조(PWM)표시가 있는 핀의 PWM비율을 결정한다. 아두이노에서 지원하는 핀 번호는 3, 5, 6, 9, 10, 11번 핀이다. 변수 val에는 0부터 255 사이의 값을 쓸 수 있으며, 각각 0에서 5V 전압을 의미한다.

예) analogWrite(3, 128);

// 3번 핀에 연결된 것의 원래 값 보다 50% 적게 함.

// 여기에 LED를 달았을 경우 밝기가 50% 줄어 듦.

기타 입력과 출력에 관련된 함수들은 tone(), noTone(), shiftOut(), shiftIn(), pulseIn() 등이 있다. 이 가운데서 많이 사용되는 shiftOut()을 살펴보자.

shiftOut(dataPin, clockPin, bitOrder, value)

디지털 출력의 개수를 확장하는 시프트 레지스터에 데이터를 전달한다. 이

프로토콜은 하나의 핀을 데이터(dataPin)로 또 하나의 핀을 클럭(clockPin)으로 사용한다. bitOrder는 바이트의 순서 즉 MSB가 먼저 오는지 LSB가 먼저 오는지를 나타낸다. value는 실제로 전달할 바이트이다.

　예) shiftOut(dataPin, clockPin, LSBFIRST, 255);

　아두이노는 시간과 관련된 함수들이 있다. 시간이 얼마나 흘렀는지를 측정하는 함수와 스케치를 잠시 멈추는 함수이다.

millis()

스케치가 시작된 뒤로 흐른 시간을 밀리세컨드(ms)단위로 반환.
예) duration = millis()-startTime;　　// 시작시간 startTime에서
　　　　　　　　　　　　　　　　// 시간이 얼마나 흘렀는지를 계산

micros()

아두이노 보드에서 프로그램이 시작된 후 소요된 시간을 밀리세컨드 단위로 반환한다.
예) time = micros(); // 프로그램이 시작된 후 소요된 시간을 time에 저장.

delay()

입력된 밀리세컨드만큼 프로그램을 잠시 멈춘다.
예) delay(100); // 0.1초간 프로그램을 멈춘다.

delayMicroseconds()

입력된 마이크로세컨드만큼 프로그램을 잠시 멈춘다.
예) delayMicroseconds(50); // 50마이크로세컨드 동안 프로그램을 멈춘다.

　또한 아두이노에서는 수학과 삼각함수에 관련된 함수를 제공하고 있다. 그 종류는 min(), max(), abs(), constrain(), map(), pow(), sqrt(), sin(), cos(), tan() 등이 있다. 나머지는 일반적인 수학에서 사용되는 명령어로 되어 있어 C 언어에서와 같이 이해 할 수 있는 것이다. 여기에서는 아두이노에서 제공하는 함수를 살펴보자.

constrain(x, a, b)

범위가 a와 b사이로 제약된 x값을 반환한다. 만약 x가 a보다 작으면 이 함수는 a값을 반환한다. 그리고 x가 b보다 크면 b값을 반환한다.

예) sensVal = constrain(analogRead(0), 10, 150);

//sensVal 값의 범위를 10~150 사이로 설정함

map(value, fromLow, fromHigh, toLow, toHigh)

이 함수를 이용하면 데이터의 범위를 재조정 할 수 있다. fromLow부터 fromHigh 사이의 값을 toLow에서 toHigh 범위에 맞게 조정한다. 이는 아날로그 센서에서 읽어 온 값을 처리하는데 유용하다.

예) val = map(analogRead(0), 0, 1023, 0, 255);

// 아날로그 핀 0핀에서 읽은 값을 8비트(0~255)로 표현한다.

아두이노는 USB 포트를 통하여 시리얼 통신을 수행할 수 있다. 통신을 하기 위한 시리얼 함수는 Serial.begin(), Serial.end(), Serial.available(), Serial.read(), Serial.peek(), Serial.flush(), Serial.print(), Serial.println(), write() 등이 있다.

Serial.begin(val)

아두이노가 시리얼 데이터를 주고 받기위해 통신 속도를 설정하는 것이다.

예) Serial.begin(9600); // 9600bps로 통신을 설정함.

Serial.print(data) 혹은 Serial.print(data, encoding)

Serial.println(data) 혹은 Serial.println(data, encoding)

이 함수는 주어진 데이터를 시리얼 포트로 전송한다. 인코딩은 옵션이며, 표기 하지 않았을 경우 데시말(DEC) 값으로 표현되어 전송된다. 옵션 encoding의 종류는 DEC(10진수), HEX(16진수), OCT(8진수), BIN(2진수), BYTE(10진수의 ASCII값)가 있다. 그리고 Serial.println(data) 과 Serial.println(data, encoding)는 데이터를 입력하고 리턴이나 엔터키를 눌렀을 때의 효과를 나타내는 것으로서, 줄바꿈이 추가된다는 점을 제외하면 나머지는 Serial.print()함수와 동일하다.

    예) Serial.print(78);   // 78 출력
    Serial.print(78, DEC);   // 78 출력
    Serial.print(78, HEX);   // 4E 출력
    Serial.print(78, OCT);   // 116 출력
    Serial.print(78, BIN);   // 1001110 출력
    Serial.print(78, BYTE);   // N 출력
    Serial.print('N');   // N 출력
    Serial.print("hello");   // hello 출력
    Serial.print(78, HEX);   // 4E 출력

그리고 encoding 위치에 실수형 데이터의 소수 자리수를 넣어서 제어할 수 있다.

    예) Serial.println(1.23456,0);   // 1 출력
    Serial.println(1.23456,2);   // 1.23 출력
    Serial.println(1.23456,4);   // 1.2346 출력(5번째 자리는 자동 반올림)

Serial.available()

아두이노의 read()함수에서 사용하기 위해 시리얼 포트에 읽지 않은 바이트가 얼마나 남아 있는지를 반환한다. 프로그램에서 모든 데이터를 read()로 읽은 뒤 새로운 데이터가 시리얼 포트에 올 때까지 이 함수는 항상 0을 반환한다. 아래 예제는 얼마만큼의 바이트가 수신되었는지를 출력하는 프로그램이다.

```
예) if (Serial.available() > 0) {
        incomingByte = Serial.read();
        Serial.print( "I received:   ");
        Serial.println(incomingByte, DEC);
    }
```

Serial.read()

시리얼 포트를 통해서 도착하는 시리얼 데이터에서 한 바이트를 읽어온다.

예) incomingByte = Serial.read();

　　　　　// 데이터를 읽어서 incomingByte에 저장.

Serial.flush()

이 함수는 시리얼 데이터를 송수신 하는데 있어서 버퍼 역할을 한다. 시리얼 포트로 도착하는 데이터가 프로그램이 처리하는 속도보다 빨리 들어오기 때문에 아두이노는 들어오는 모든 데이터를 버퍼에 보관한다. 그래서 이 버퍼를 비우고 새로운 데이터를 채우고자 한다면 이 함수를 사용한다.

예) Serial.flush();

위에서 언급한 기본적인 함수 외에도 bit 데이터와 byte 데이터 처리를 위한 lowByte(), highByte(), bitRead(), bitWrite(), bitSet(), bitClear(), bit() 등이 있다.

그리고 인터럽트에는 외부 인터럽트를 위한 attachInterrupt()와 detachInterrupt() 함수가 있으며 일반적인 인터럽트를 위한 interrupts() 와 noInterrupts()가 있다. 이상에서 살펴 본 것처럼 아두이노는 C/C++를 기초하고 있다.

요약

- 아두이노의 setup()과 loop() 구조를 가진다.
- 아두이노 언어는 c 언어를 축약해 둔 것과 유사하다.

묻고 답하기

Q. 아두이노의 기본적인 구조에 사용되는 두 개의 함수는 무엇인가?

A. setup()과 loop()함수

Q. 아두이노의 보드에서 7번 핀을 디지털 출력 핀으로 설정하고자 할 경우 프로그램을 작성하라.

A. pinMode(), OUTPUT);

Q. 프로그램이 실행 된 후 경과된 시간을 측정하는 함수는 무엇이 있는가?

A. micros()와 millis()

Q. 아두이노가 시리얼 데이터를 주고 받기위해 가장 먼저 설정해야하는 것은 무엇인가?

A. 통신 속도의 설정

Q. 시리얼 통신에서 Serial.flush()함수의 역할은?

A. 도착하는 시리얼 데이터의 버퍼 역할은 한다. 시리얼 포트로 도착하는 데이터가 프로그램이 처리하는 것보다 빨리 들어오기 때문에 아두이노는 들어오는 모든 데이터를 버퍼에 보관한다.

프로세싱 언어

Chapter 13

프로세싱 기초

프로세싱 언어는 어떤 컴퓨터 언어인가?

프로그래밍하기 어려운 디자이너나 미디어아티스트를 위해 개발된 언어로써 손쉽게 그래픽 영상작업을 할 수 있다. 프로세싱 언어의 운영체제는 Windows, Mac OS 그리고 Linux 등의 어떤 플랫폼에서도 자바를 설치하여 동작시킬 수 있다.

그림 13-1 프로세싱 초기화면

✲✲ 프로세싱 개발 환경 및 구성

프로세싱의 개발 환경은 다른 프로그래밍 구조와 비교하여 매우 간단하다. 프로세싱 초기화면에 대한 각 명칭을 [그림 13-2]에 나타내었다. 에디터 창에서 코드를 작성하여 바로 실행할 수 있으며, 메시지 출력부분과 콘솔을 통해서 에러 메시지들을 살펴볼 수 있다. 프로세싱에서는 프로그램 작성하는 것을 디자인 스케치에 견주는 것으로서 "스케치 한다"라고 말한다.

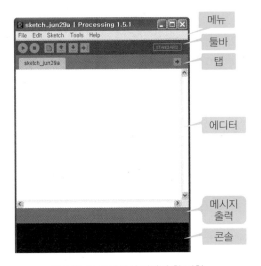

그림 13-2 프로세싱 에디터 창 명칭

툴바 버튼 설명

▶ (Run) : 작성한 스케치를 컴파일 한 후 실행

◉ (Stop) : 실행중인 프로그램을 정지

▤ (New) : 새로운 스케치 작성

▣ (Open) : 저장된 스케치 불러오기

▣ (Save) : 작성중인 스케치 저장

▣ (Export Applet) : 스케치를 웹브라우저에서 작동되는 자바애플릿을 만든다.

STANDARD (Standard/Android) : 프로그램의 일반 모드와 안드로이드 모드의 선택

◎ 프로세싱 시작하기

﹡﹡ 프로그램 다운로드 및 설치

프로세싱은 Window, Mac OS 그리고 Linux 등 세 가지의 OS에서 사용할 수 있다. 프로세싱 프로그램은 홈페이지 (http://processing.org/download/)에서 본인이 사용하고 있는 OS에 맞는 프로그램을 선택하여 다운로드 받는다. 다운로드 된 프로그램을 풀고 이를 Window의 [Program Files]폴더에 옮겨놓는다.

﹡﹡ 프로세싱 예제 실행

프로세싱 메뉴에서 File-Example...을 선택하면 [그림 13-3]처럼 프로세싱 에디터 옆에 작은 Standard Example 창이 나타난다. 여기서 Books-Getting Started-Chapter02-Ex_02_01파일을 선택하면 새로운 프로세싱 에디터에 프로그램이 로딩 되며, ◉ 버튼을 누르면 [그림 13-4]와 같은 결과를 볼 수 있다. 이 예제들은 모두 오픈 소스이며 누구나 이용할 수 있는 것으로써 초급부터 고급까지 다양한 프로그램들로 구성되어 있다.

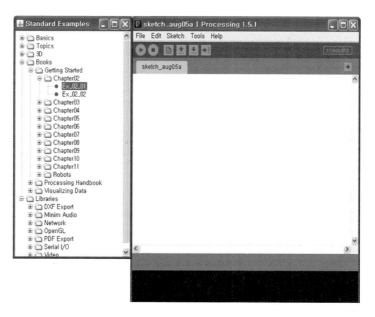

그림 13-3 프로세싱 기본 예제 찾아가기

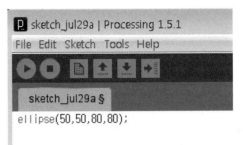

ellipse(50,50,80,80);

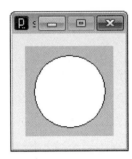

그림 13-4 기본 예제 프로그램 및 실행 결과

프로세싱 프로그램 기본 문법

프로세싱 프로그램을 통하여 다양한 프로그램들을 만들 수 있다. 프로그램 작성을 위한 프로세싱 언어는 Structure, Form, Data, Control, Image, Shape, Typography, Color, Math, Input/Output, Transform, Arrays, Objects, Web 등으로 나눌 수 있다. 간단한 예제 프로그램을 살펴보자.

[참조] http://processing.org/reference/

예제1)

```
void setup()
{
    초기값 설정
}
void draw()
{
    출력
}
```

```
void setup()
{
    size(300, 300);
}
void draw()
{
    stroke(0,0,255);
    fill(255,0,0);
    ellipse(150,150,100,100);
}
```

setup() 함수

한번만 실행되는 함수로써, 초기 값이나 초기 환경을 설정할 경우 사용된다.

draw()함수

프로그램을 실행하면 이 함수 내의 명령어들은 계속 반복 수행된다.

간단한 예제 1에서 setup() 함수 내의 size()함수는 출력 창의 가로 크기와 세로 크기를 결정한다. [그림 13-4]의 가운데 작은 창을 의미한다. 이는 초기에 창의 크기를 가로 300픽셀 그리고 세로 300픽셀의 크기로 하겠다는 의미이다. draw()함수 내의 stroke()함수는 선의 색깔을 결정하며, fill()함수는 채

위질 색상을 결정하고, ellipse()는 타원의 시작 위치 및 크기를 결정하는 것이다. stroke()과 fill()의 내부 세 자리는 R(빨강), G(녹색), B(파랑)를 의미하는 것으로써, 이 프로그램의 경우 선분은 파랑색 그리고 내부는 빨강색을 의미한다. 타원 ellipse()의 경우 앞의 두 개는 시작점의 가로와 세로 위치 점을 나타내며, 나머지 두 개는 타원의 가로와 세로 크기를 나타낸다. 예제 1의 결과는 [그림 13-5]와 같다.

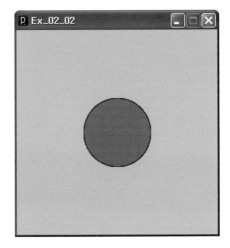

그림 13-5 예제 1의 결과

참고

이 책의 프로그램(프로세싱) 코드는 Processing 1.5.1버전을 기준으로 작성되었다. 버전에 따라 실행이 안 될 수도 있으므로 아래의 주소에서 새로운 버전을 다운로드 해야 한다. http://processing.org/download/

● 프로세싱 응용 - 아두이노와 통신하기

프로세싱 언어는 아두이노 보드와 컴퓨터의 시리얼 통신을 하는데 사용되는 언어이다. 이 장에서는 프로세싱 언어를 이용한 간단한 통신을 알아보자.

포토 레지스터를 이용하여 빛의 밝기 값을 시리얼 통신을 통하여 아두이노 보드로부터 측정된 아날로그 값을 1023까지의 값으로 변환하여 프로세싱 언어를 이용하여 그 값을 컴퓨터 화면에 나타내는 프로그램을 [그림 13-6]과 [그림 13-7]에 나타내었다. [그림 13-8]은 포토레지스트에 아무것도 가려지지 않은 상태에서의 아두이노 보드로부터 시리얼 통신하여 그 결과를 컴퓨터 화면에 출력한 것이다. [그림 13-9]는 포토레지스트를 일부 가렸을 때의 통신 결과이다. 그리고 이의 하드웨어 구성은 [그림 13-10]과 같다.

아두이노에서 프로그램 작성하기

그림 13-6 아두이노에서 프로그램 작성하기

소스코드

```
// Example 09B: Arduino Networked Lamp
// Copy and paste this example into an empty Arduino
// sketch

#define SENSOR 0

int val = 0; // variable to store the value coming
             // from the sensor
byte inByte = 0;

void setup() {
  Serial.begin(9600);   // open the serial port
}

void loop() {
  val = analogRead(SENSOR); // read the value from the
                            // sensor
  Serial.println(val);      // print the value to

  if (Serial.available() >0) {

    // read the incoming byte:
    inByte = Serial.read();
  }
  delay(100);               // wait 100ms between each send

}
```

프로세싱에서 프로그램 작성하기

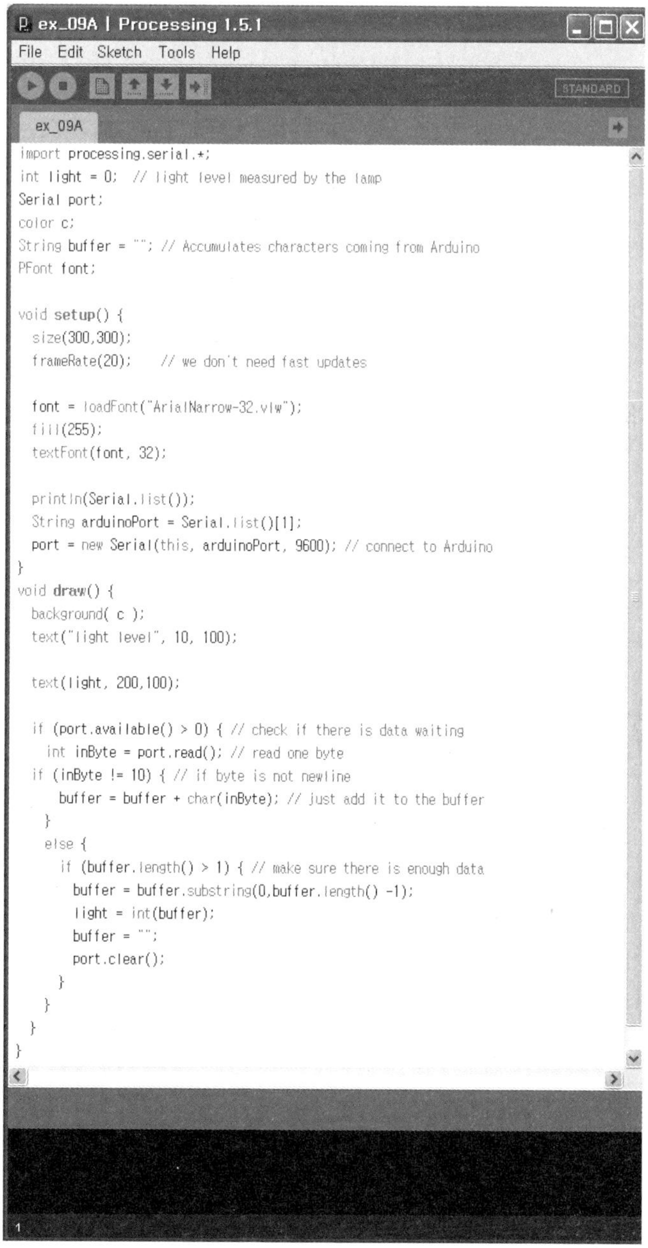

```
P ex_09A | Processing 1.5.1                          [_][□][X]
File  Edit  Sketch  Tools  Help
[▷][■] [▣][▲][▲][▶]                        [STANDARD]

[ ex_09A ]                                              [→]
import processing.serial.*;
int light = 0;  // light level measured by the lamp
Serial port;
color c;
String buffer = "";  // Accumulates characters coming from Arduino
PFont font;

void setup() {
  size(300,300);
  frameRate(20);    // we don't need fast updates

  font = loadFont("ArialNarrow-32.vlw");
  fill(255);
  textFont(font, 32);

  println(Serial.list());
  String arduinoPort = Serial.list()[1];
  port = new Serial(this, arduinoPort, 9600); // connect to Arduino
}
void draw() {
  background( c );
  text("light level", 10, 100);

  text(light, 200,100);

  if (port.available() > 0) { // check if there is data waiting
    int inByte = port.read(); // read one byte
  if (inByte != 10) { // if byte is not newline
      buffer = buffer + char(inByte); // just add it to the buffer
    }
    else {
      if (buffer.length() > 1) { // make sure there is enough data
        buffer = buffer.substring(0,buffer.length() -1);
        light = int(buffer);
        buffer = "";
        port.clear();
      }
    }
  }
}
```

그림 13-7 프로세싱 스케치 작성

```
import processing.serial.*;
int light = 0;   // light level measured by the lamp
Serial port;
color c;
String buffer = ""; // Accumulates characters coming
                    // from Arduino
PFont font;

void setup() {
  size(300,300);
  frameRate(20);     // we don't need fast updates

  font = loadFont("ArialNarrow-32.vlw");
  fill(255);
  textFont(font, 32);

  println(Serial.list());
  String arduinoPort = Serial.list()[1];
  port = new Serial(this, arduinoPort, 9600);
// connect to Arduino
}
void draw() {
  background( c );
  text("light level", 10, 100);

  text(light, 200,100);

  if (port.available() > 0) {
// check if there is data waiting
    int inByte = port.read(); // read one byte
  if (inByte != 10) { // if byte is not newline
    buffer = buffer + char(inByte);
// just add it to the buffer
    }
    else {
```

```
    if (buffer.length() > 1) { // make sure there is
                               // enough data
      buffer = buffer.substring(0,buffer.length() -1);
      light = int(buffer);
      buffer = "";
      port.clear();
    }
  }
 }
}
```

그림 13-8 빛의 밝기값 결과

그림 13-9 빛의 밝기값 결과

그림 13-10 프로세싱 응용 하드웨어

Q 프로세싱 언어의 기본구조에 사용되는 함수를 기술하라.

A void setup() 과 void draw()

Q 프로세싱 언어의 시작은 누구를 위하여 개발 되었는가?

A 디자이너나 일러스트레이터

Q 프로세싱언어를 통하여 안드로이드를 작성할 수 있는가?

A 있다.

Q 프로세싱은 아두이노 보드와 통신할 수 있는가?

A 있다.

Q 프로세싱 언어는 무슨 언어를 기반으로 만들어져 있는가?

A C언어와 자바 기반

프로세싱 예제 모음

- http://smileblue.co.kr/xe/processing_01
- http://foranie.tistory.com/506

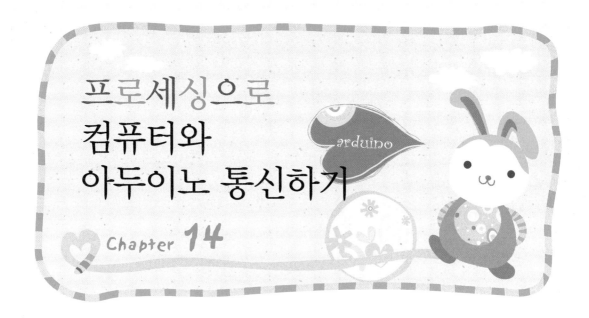

프로세싱으로
컴퓨터와
아두이노 통신하기

Chapter 14

아두이노 보드는 USB를 통하여 컴퓨터로 데이터를 보내거나 컴퓨터로부터 데이터를 받을 수 있다. 이 장에서는 아두이노 보드와 프로세싱 언어를 이용해서 시리얼 통신을 눈으로 확인 한다. 아두이노 보드상의 LED가 켜질 때 마다 아두이노는 일정 값을 시리얼 통신 케이블(USB)을 통해서 컴퓨터로 보낸다. 통신이 이루어지면 아두이노는 일정 값을 출력 버퍼에 저장하며, 이를 프로세싱 언어를 이용하여 읽어 들여 수신된 데이터를 확인한다. 이 실험에서는 아두이노 보드에 불이 깜박일 때 마다 LOW 데이터가 USB 케이블을 통해 컴퓨터로 전송되며, 컴퓨터는 프로세싱 언어를 이용하여 값을 읽고 메시지를 화면에 보여준다.

이를 위해서는 실행해야할 프로그램의 프로세싱 스케치가 필요하다. 프로세싱 스케치 설명은 프로세싱 언어 부분을 참조하자.

하드웨어 구성

먼저 아두이노 스케치를 작성하기 전에 [그림 14-1]과 같이 회로도를 구성한다.(회로도는 2장의 LED 깜박임을 참조) USB의 다른 한쪽은 컴퓨터에 연결한다.

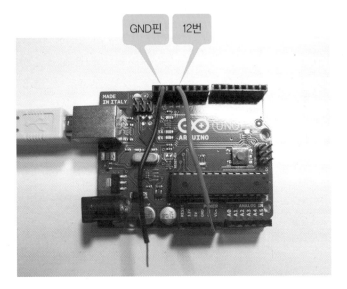

그림 14-1 14번 GND와 12번 핀을 합선시켜 스위치로 사용

● 아두이노 소프트웨어 작성

아두이노 스케치에서 아래와 같이 프로그램을 작성한 후 툴바에서 확인 버튼 ▶을 눌러 컴파일하고 오류가 있는지 확인한다. 오류가 없으면 툴바에서 업로드 버튼 ➡을 눌러 프로그램을 아두이노에 탑재시킨다. 아두이노 보드의 TX와 RX부분의 LED가 깜박이는지를 눈으로 확인한다(정상적으로 프로그램이 탑재되었음). 그리고 아래 [그림 14-4]처럼 두 선을 연결하였을 경우 TX 부분 LED와 L부분의 LED에서 불이 켜지는지 확인한다. LED의 불이 정상적으로 작동하면 데이터를 전송하고 있다는 의미이다. 그리고 메뉴바에서 도구>시리얼 포트를 눌러 현재의 통신 사용 포트를 확인한다.

아두이노에서 프로그램 작성하기

```
// 스위치를 접속해서 값을 시리얼로 전송
int val=0;
void setup()
{
  Serial.begin(9600);       // 통신 포트 열기
  pinMode(13, OUTPUT);      // 13핀 출력으로 (LED 연결된 핀)
  digitalWrite(12, HIGH);  // 12번 풀업저항을 사용함
}
void loop()
{
  val = digitalRead(12);    // 12번 읽기
  if(val==HIGH){
    digitalWrite(13, LOW);   // sw가 HIGH면 떨어져 있음, LED 끔
  }
  else {
    digitalWrite(13, HIGH);
    Serial.println(val);
  }                               // 합선하면 sw가 LOW 됨, LED 켬
}
```

프로세싱 소프트웨어 작성

프로세싱 언어는 컴퓨터가 아두이노와 통신을 하기위해 사용된다. 즉 통신의 결과 혹은 통신 내용을 화면을 통하여 확인할 수 있다. 아두이노 스케치 화면은 그대로 둔 채, 먼저 프로세싱 프로그램을 실행하여 아래와 같이 프로그램을 작성한다. 이때 폰트는 프로세싱 스케치 메뉴 바에서 Tools〉Create Font를 선택하여 [그림 14-2]가 나타나면 원하는 폰트와 크기를 결정하고 OK 버튼을 누른다. [그림 14-2]의 Filename 내에 있는 이름을 loadFont() 함수 내에 입력한다. 시스템에 따라서 지원되지 않는 폰트가 있을 수 있으며, 지원되지 않을 경우 에러 메시지가 발생하며 시스템에서 지원되는 폰트를 찾아야 한다.

프로세싱에서 프로그램 작성하기

```
import processing.serial.*;

Serial port;
color c;
PFont font;

void setup() {
  size(300,300);
  font = loadFont("HYhaeseo-32.vlw");   // 시스템에 따라
                                        // 달라질 수 있음

  fill(255);
  textFont(font, 32);
//  println(Serial.list());
  String arduinoPort = Serial.list()[1];
  port = new Serial(this, arduinoPort, 9600);
                    // connect to Arduino
}
void draw() {
  background( c );
  if (port.available() > 0) { // check if there is
```

```
                        // data waiting
    int inByte = port.read(); // read one byte
    text("Hello", 50,100);
    port.clear();
  }
}
```

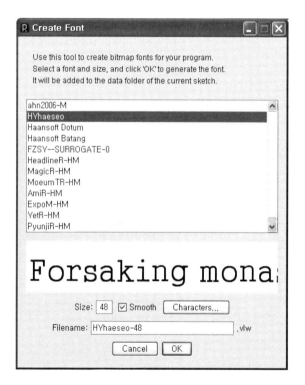

그림 14-2 폰트 생성하기

◉ 아두이노와 프로세싱과의 시리얼 통신

프로세싱 스케치에서 실행 버튼 Run을 누르고 오류가 나타나지 않으면 [그림 14-3]과 같이 빈창이 생성되며, 프로그램은 아두이노 보드로부터 시리얼 통신을 위한 대기상태로 있게 된다. 이제 통신을 위한 준비는 끝났다. [그림 14-4]처럼 두 개의 선을 서로 연결시켜 보자. 두 개의 선을 서로 연결하면 아두이노 보드는 val값을 시리얼 포트에 출력하게 된다. 그리고 프로세싱에서는 port.available() 함수를 이용하여 버퍼에 데이터 유무를 확인하고 시리얼 케이블을 통해 들어온 데이터가 있으면 [그림 14-5]와 같이 "Hello"라는 글자를 새로운 창에 쓰게 된다. 두 개의 선 연결을 끊게 되면 글자는 사라지게 된다.

시리얼 통신 성공을 축하한다!!!!

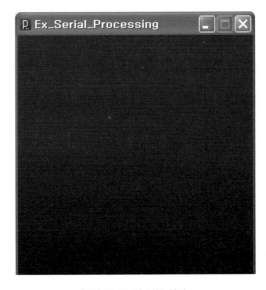

그림 14-3 빈 실행 화면

그림 14-4 합선시키기

그림 14-5 시리얼 모니터 결과

주의

　시리얼 통신에서 가장 중요한 것은 통신포트 설정이다. 아두이노 스케치에서 설정된 통신 포트와 프로세싱에서 설정되는 통신 포트가 일치해야만 데이터를 송수신 할 수 있다. 아두이노에서는 메뉴 바에서 Tools〉Serial Port를 선택하면 사용 가능한 포트가 나타난다. USB를 컴퓨터에 연결한 후 통신 포트를 찾아 선택해야 한다. 아래 프로세싱 스케치에서는 "Serial.list()[1]"에서 "1"로 설정되지만 컴퓨터에 따라 달리 나타날 수 있다. 이 때 "println(Serial.list());"을 "String arduinoPort = Serial.list()[1];"의 앞줄에 넣어서 결과를 살펴보면 현재 사용되어지는 통신 포트들의 번호를 [그림 14-6]과 같이 확인할 수 있다. 통신이 되지 않으면 출력되는 통신 번호를 "Serial.list()[1]"에서 번호를 바꿔서 실행해본다.

```
                 native lib Version = RXTX-2,2pre2
[0] "COM1"
[1] "COM3"


15
```

그림 14-6 사용 중인 통신 포트 결과

묻고 답하기

Q. 컴퓨터 통신의 속도는 어디에서 설정되는가?

A 아두이노 스케치의 setup()에서

Q. 현재 사용중인 시리얼 포트를 확인 할 수 있는 함수는 무엇인가?

A Serial.list()

실전예제

시리얼 포트를 통해 읽혀지는 데이터를 화면에 출력해 보자.

text(char(inByte), 50,100);로 수정하면 0이 출력됨.

아두이노
라이브러리
만들기

Chapter 15

라이브러리는 특정한 기능을 갖는 함수를 모아 둔 것이다. 잘 작성된 라이브러리는 수정, 관리 및 활용이 쉽고, 다른 사람들에게 배포하기도 좋다.

아두이노 라이브러리를 만들어 보자. 예제로 LED 반짝임으로 SOS를 알리는 모스 부호를 표현하는 함수를 라이브러리로 만들어보자. 이와 같이 라이브러리를 한번 작성해 보면 다른 사람들이 만든 라이브러리를 활용하는 것도 쉽게 느껴진다.

라이브러리를 만드는 과정을 요약하면,

단계 1: .h 파일와 .cpp 을 작성 //아두이노 폴더의 libraries\morse에 복사
단계 2: keywords.txt 파일 //아두이노 폴더의 libraries\morse에 복사
단계 3: SOS.pde 작성 // libraries\morse\Examples\SOS 폴더에 복사
단계 4: 라이브러리를 활용하여 스케치 만들기

예제로 간단한 모스 부호를 만들어 보자. 이 프로그램은 "또 또 또", "뚜 뚜 뚜", "또 또 또"를 한 후 3초 쉬었다가 다시 반복하도록 하자. 스케치는 다음과 같다.

```
// SOS _ Without _ Lib.pde
int pin = 13;
void setup()
{
    pinMode(pin, OUTPUT);  // 13번 핀을 줄력으로 설정
}
void loop()
{
    dot(); dot(); dot();        // 또 또 또
    dash(); dash(); dash();     // 뚜 뚜 뚜
    dot(); dot(); dot();        // 또 또 또
    delay(3000);                // 3초간 기다림
}
void dot()  // 또
{
    digitalWrite(pin, HIGH);
    delay(250);
    digitalWrite(pin, LOW);
    delay(250);
}
void dash()  // 뚜
{
    digitalWrite(pin, HIGH);
    delay(1000);
    digitalWrite(pin, LOW);
    delay(250);
}
```

이 스케치를 실행하면 핀 13번 LED를 통해 SOS를 반짝인다. 이 스케치를 라이브러리 파일로 변환시켜 보자. 라이브러리로 만들 대상은 dot() 및 dash() 함수이다. 라이브러리는 확장자가 .h 와 .cpp인 두 개의 파일이 필요하다. .h 헤더 파일은 라이브러리에 대한 정의이며 .cpp 소스코드에는 모든 내용이 들어간다.

라이브러리 이름을 "Morse"로 헤더 파일은 Morse.h로 하자. 코드는 각 라이브러리 함수들을 한 줄씩 적고, 필요한 변수들을 적은 후 클래스로 감싼다.

```
class Morse
{
  public:
    Morse(int pin);
    void dot();
    void dash();
  private:
    int _ pin;  // _ pin에서 밑줄은 문자처럼 다룸
};
```

클래스는 함수와 변수들을 한 장소에 하나의 덩어리로 묶어 준다. 함수를 사용할 수 있는 허가를 나타내는 것이 public과 private인데, 대체로 함수는 public으로 변수는 private로 선언하며, private으로 선언된 경우 클래스 내에서만 사용할 수 있다, 반면 public으로 선언이 되면 어디서든 사용이 가능하다. 클래스 이름과 동일한 함수를 생성자라 하며, 생성할 때 한번만 실행되므로, 초기화해야 하는 변수들을 초기화하기에 적합한 장소이다.

헤더 파일은 아두이노 언어의 표준형과 변수를 접근하기 위해서 다음처럼 적어야 한다.

```
#include "WProgram.h"
```

일반적으로 헤더 파일은 다음처럼 감싸는 것이 바람직하다.

```
#ifndef Morse _ h
#define Morse _ h
//  #include "WProgram.h" 와 코드는 여기에
#endif
```

이렇게 하면 실수로 라이브러리를 중복해서 포함시키지 않도록 한다. 마지막으로 라이브러리의 앞부분에 무슨 코드며 누가, 언제 작성하는지 설명을 적도록 하자.

완성된 헤더 파일은:

```
// Morse.h - 모스 코드를 반짝임
// 작성자 심재창
// 누구든지 사용가능
#ifndef Morse_h
#define Morse_h

#include "WProgram.h"

class Morse
{
  public:
    Morse(int pin);
    void dot();
    void dash();
  private:
    int _pin;
};
#endif
```

이제부터 Morse.cpp 소스코드 부분으로 가보자. 아두이노의 함수를 접근하고 새로 만든 함수를 접근하기 위해 다음처럼 헤더를 적는다.

```
#include "WProgram.h"
#include "Morse.h"
```

생성자는 한번 만 호출 되는데, 핀 번호 설정을 여기서 하자.

```
Morse::Morse(int pin)
{
  pinMode(pin, OUTPUT);
  _ pin = pin;
}
```

Morse::의 의미는 Morse 클래스의 일부라는 의미이다. 다음은 dot() 함수와 dash() 함수 이다. 지금 사용하는 문법은 모두 C++ 언어의 문법이다. 혹시 더 자세히 공부하고 싶으면 C++를 살펴보자.

```
void Morse::dot()
{
  digitalWrite( _ pin, HIGH);
  delay(250);
  digitalWrite( _ pin, LOW);
  delay(250);
}


void Morse::dash()
{
  digitalWrite( _ pin, HIGH);
  delay(1000);
  digitalWrite( _ pin, LOW);
  delay(250);
}
```

Morse.cpp 전체 소소코드:

```cpp
// Morse.cpp - 모스 코드를 반짝임
// 작성자 심재창
// 누구든지 사용가능

#include "WProgram.h"
#include "Morse.h"
Morse::Morse(int pin)
{
  pinMode(pin, OUTPUT);
  _pin = pin;
}
void Morse::dot()
{
  digitalWrite(_pin, HIGH);
  delay(250);
  digitalWrite(_pin, LOW);
  delay(250);
}
void Morse::dash()
{
  digitalWrite(_pin, HIGH);
  delay(1000);
  digitalWrite(_pin, LOW);
  delay(250);
}
```

● 파일을 해당 폴더로 복사하기

아두이노의 libraries 폴더 안에 Morse 라는 새 폴더를 만들고 Morse.h와 Morse.cpp 파일을 복사하자. 이렇게 해서 라이브러리를 만들었고, 스케치에서 사용할 수 있다. 잘 작성되었는지 확인하기 위해 아두이노 개발환경(IED)에서 Sketch〉Import Library 메뉴에 Morse가 보이는지 확인해 보자.

그림 15-1 sketch 〉 Import Library 〉 Morse

아두이노 소프트웨어는 새로 만든 라이브러리를 자동으로 인식하지는 못한다. 만약 아두이노에게 새로 만든 라이브러리를 알려 주려면 Morse 디렉터리에 keywords.txt 파일을 생성하고 파일 내용으로 다음처럼 작성하자.

```
// keywords.txt
Morse      KEYWORD1
dash       KEYWORD2
dot        KEYWORD2
```

각 줄의 키워드 다음에는 반드시 탭(스페이스가 아님)으로 띄어쓰기를 해야한다. 클래스는 KEYWORD1을 뒤에 적고, 함수는 KEYWORD2를 뒤에 적는다. 이 파일을 \libraries 폴더에 복사한다.

새로운 라이브러리를 이용하는 SOS 스케치는 다음과 같다.

```
// SOS.pde
#include <Morse.h>
Morse morse(13);
void setup()
{
}
void loop()
{
  morse.dot(); morse.dot(); morse.dot();
  morse.dash(); morse.dash(); morse.dash();
  morse.dot(); morse.dot(); morse.dot();
  delay(3000);
}
```

코드를 살펴보자. Morse morse(13); // 생성자에게 13번 핀을 전달해 주고, 생성자가 13번 핀을 OUTPUT으로 설정한다. setup()에서 해도 되지만 이와 같이 생성자에서 처리하도록 해도 된다.

만약 핀을 13번 대신 12번을 활용한다면 Morse morse(13);을 Morse morse2(12);로 바꾸고, morse2.dot()을 호출해야 한다.

끝으로 libraries\morse\examples\SOS 폴더를 만들고 SOS.pde 파일을 저장한다. 메뉴의 File)Examples)Morse)SOS를 선택하고 컴파일 후에 업로드를 실습해 보자.

그림 15-2 Examples〉Morse〉SOS

요약

- 라이브러리 파일은 .cpp, .h가 필요하다.
- class 로 둘러싸야 한다.
- 예제를 아두이노 툴에 올리려면 Keywords.txt와 Examples\app\app.
  pde 파일이 필요하다.
- 파일과 폴더의 구조

₩arduino-0022₩libraries₩Morse₩	Keywords.txt		
	Morse.cpp		
	Morse.h		
	Examples₩	SOS₩	SOS.pde

Q. 아두이노의 라이브러리 파일은 어떤 언어로 작성하나?

A. C 또는 C++ 언어

Q. 아두이노의 라이브러리를 만드는데 필요한 두 개의 파일 확장자는 무엇인가?

A. .cpp 와 .h

실전예제

피에조 스피커에 소리를 내기 위한 라이브러리, myTone()을 라이브러리로 만들어 보자.

재미삼아 Arduino

INDEX

찾아보기

기호

영어

A

B

재미삼아 아두이노킷

아두이노를 처음 접하는 초보자를 위한 기본킷
재미삼아 아두이노 교재용 부품 all in one!!

재미삼아 아두이노킷은 "재미삼아 아두이노"책의
예제 따라하기 과정에 필요한 부품들로 구성되어 있습니다.

정품 아두이노 Arduino-UNO 1개	USB 케이블 1개	투명 결합형 브래드보드 1개	브래드보드 점퍼케이블 10cm이상 10개	피에조 센서겸 스피커 1개

LED Yellow 3개	LED Blue 3개	LED Red 3개	LED Green 3개	포토레지스터 (CDS/LDR) 2개

마이크로스위치 1개	5mm 초소형 버튼 2개	12mm 투명커버 칼라버튼 2개	Potentiometer (가변저항) 1개	온도센서 (써미스터) 1개

9V 스냅 커넥터 1개	아두이노 전원플러그 5.5x2.1mm 1개	저항 1M옴 1개, 220옴 3개 10K옴 5개, 330옴 8개	지퍼백 (부품보관함) 1개	킷 구성품목은 변경될 수 있습니다.

www.ArtRobot.co.kr 아트로봇 | 지능형 창작재료 전문쇼핑몰